Jetzt helfe ich mir selbst

Ralf Schaepe

Elektrik und Elektronik an Bord

Kauf, Planung und Installation

pietsch

Einbandgestaltung: Sven Rauert
Titelbilder: Ralf Schaepe und Susanne Plohmann
Bildnachweis: Fotos und Zeichnungen sind jeweils direkt gekennzeichnet – vor allem dann, wenn es sich um Fotos von Händlern und Herstellern handelt, die mir freundlicherweise ihr Bildmaterial zugeschickt haben. Ohne ihre Hilfe würden viele Anschauungsobjekte in diesem Buch fehlen. Alle weiteren Fotos: Susanne Plohmann/Ralf Schaepe. Zeichnungen ohne weitere Hinweise: Susanne Plohmann

ISBN 978-3-613-50648-0

1. Auflage 2011

Sie finden uns im Internet unter: www.pietsch-verlag.de

Lektorat: Angela Saur
Innengestaltung: Tebitron GmbH, 70839 Gerlingen
Druck und Bindung: Druck- und Medienzentrum Gerlingen, 70839 Gerlingen
Printed in Germany

Kurz zur Sache: Wenn Sie zögern, selbst Hand an die Elektronik anzulegen

Vor nicht allzu langer Zeit war der Einbau von Elektronik eine Angelegenheit für Experten, die mit Lötkolben und Platinen hantieren konnten. Zumindest bei der Elektronik, mit der wir es hier zu tun haben, ist das erheblich einfacher geworden. In vielen Fällen schrauben Sie einen grauen oder schwarzen Kasten an Ihr Boot, stöpseln ein paar Stecker ein, verlegen Kabel für Strom und Datenleitungen, und das war es. Was sich in dem Kasten befindet, ist für den Einbau an sich weitgehend egal. Die wesentlichen Teile dieser Kästen sind für den normalen Wassersportler unreparierbar, und man muss auch gar nicht an sie heran.

Die gute Nachricht ist also: Man braucht kein ausgewiesener Handwerksexperte zu sein, um seinen schwimmenden Untersatz mit elektronischen Helfern zu versehen.

Ob Sie ein GPS-Gerät einbauen, ein AIS-Gerät, einen Plotter oder ein Funkgerät, die schwierigste Operation handwerklicher Art an Ihrem Boot dürfte ein Loch sein, das Sie ins Deck bohren, um ein Kabel vom Mast zur Navigationsecke bringen zu können.

In diesem Buch habe ich sehr darauf geachtet, alles möglichst einfach zu erklären. Da musste dann eben der ein oder andere Fachbegriff einem geläufigeren Wort weichen – ich hoffe, dass Profis mir das nachsehen.

Häufig reichen ein Satz Schraubenzieher, die den Geräten beiliegende Einbauanleitung und dazu eine Schablone, die ebenfalls in vielen Fällen mit beiliegt, wenn Sie ein Gerät gekauft haben, das versenkt eingebaut werden soll.

Um für alle Fälle gerüstet zu sein, brauchen Sie noch eine Zange zum Abisolieren von Kabeln, eine Kneifzange, Kabelbinder, Isolierband und ein kleines Kistchen mit Ersatzschrauben. Ein Akkubohrer und ein Dremel können helfen.

Allerdings bleibt Kabelgewusel – vielleicht sogar mehr als je zuvor. Ich empfehle Ihnen, im Winterlager Leerrohre aus Kunststoff in Ihr Boot zu ziehen; sie schützen die Kabel darin vor Wasser, Reibung und Quetschung – und es ist sehr einfach, mit Hilfe eines Drahtes neue Kabel einzuziehen. Die Rohre gibt es mit verschiedenen Durchmessern im Baumarkt, sie kosten ein paar Euro.

Viel wichtiger ist es, nach dem rein handwerklichen Einbau die teils ausgesprochen umfangreichen Handbücher der Geräte zu lesen. Aber auch das ist zu schaffen.

Alles in allem stellt also der Einbau eines großen Teils der Bordelektronik kein großartiges Hindernis dar. Nur eines noch: Nehmen Sie sich immer ein paar Stunden mehr Zeit für Ihre Arbeit, als Sie vorher geschätzt haben.

Gleichgültig, ob Sie ein Funkgerät einbauen, ein AIS-Gerät oder einen CD-Player, es gibt ein paar immer wiederkehrende Arbeiten, die ich auf den folgenden Seiten grundsätzlich vorstelle.
Diese Arbeiten sind:

- Einbauen eines Gerätes mit Rahmen in eine Instrumentenwand. Oder noch einfacher:
- Anschrauben eines Gerätes, das mit Standfuß oder Bügel gehalten wird (in der Naviecke oder wo es sonst gebraucht wird)
- Verkabelung des Gerätes zur Stromversorgung
- Verlegung eines Kabels durch das Deck
- Verlegung eines Kabelkanals entlang der Bordwand
- Verlegung des Kabels durch den Mast
- Montage einer Antenne oder einer Montagehalterung für diese Antenne an den Mast

All diese Schritte sind nicht sonderlich schwierig. Sie finden sie im folgenden ausführlich beschrieben, dazu sind sie bebildert.

Vorbereitung

Stromverbrauch berechnen

Wenn Sie in Ihr Boot zusätzlich ein Echolot einbauen, brauchen Sie nicht gleich eine komplette Strombilanz aufzustellen, um Ihren Verbrauch zu kalkulieren und gegebenenfalls die Batteriegröße anzupassen.

Aber wenn das Vorhaben etwas größer wird, ist es besser, diese Arbeit einmal zu investieren, statt nachher über eine leere Batterie zu fluchen.

Auf den Batterien steht die Angabe, wie viel Strom sie liefern können. Es geht um die Amperestunden (Ah). Steht auf einer Batterie »100 Ah (20h)«, dann bedeutet das: Dieser Batterie kann man über einen Zeitraum von 20 Stunden 100 Ampere entnehmen. Das ist ein reiner Laborwert, der der Vergleichbarkeit dient. Denn die Batterietechnik ist kompliziert; ziehe ich den Strom mit einem sehr starken Verbraucher wie einem Bugstrahlruder schnell aus der Batterie, macht sie im Verhältnis gesehen weit eher schlapp, als wenn ich diesen Strom sehr langsam über einen langen Zeitraum entnehme. Auch die Temperatur, bei der die Batterie genutzt wird hat Einfluss auf ihre Kapazität. Außerdem darf man eine Batterie nicht ganz leeren – das schädigt ihre Lebensdauer massiv. Schließlich gibt es noch unterschiedliche Batterietypen, die auf all diese Einflüsse unterschiedlich reagieren.

All das kann man miteinander verrechnen – man kann aber auch eine grobe Faustformel nutzen, die im Bordalltag gut brauchbar ist. Sie besagt: Von der aufgedruckten Kapazität nehme ich nur die Hälfte ernst.

Steht auf einer Batterie, dass sie 100 Ah hat, dann gehe ich davon aus, dass ich 50 Ah nutzen kann – und nicht mehr.

Jetzt wissen wir, was unser Stromtank im Schnitt liefern kann. Da ich kein Elektriker bin, habe ich mir eine Denkhilfe zurecht gelegt. Die mag physikalisch nicht hundertprozentig korrekt sein, funktioniert aber in der Praxis sehr gut: Ich übersetze »Ampere« mit »Liter« und gehe davon aus, dass meine Geräte

X Liter Wasser pro Stunde brauchen, um zu funktionieren.

Steht in der Gebrauchsanweisung meines Gerätes, dass es 0,5 Ah Strom aufnimmt, dann berechne ich pro Betriebsstunde einen halben »Liter« Strom. Läuft das Gerät pro Tag vier Stunden, komme ich auf insgesamt 2 Liter Verbrauch = 2 Amperestunden. So viel saugt dieses eine Gerät täglich aus meinem Stromtank.

Internetseite zum Thema:

http://www.yachtbatterie.de/cgi-bin/forms/berater.pl
Ein kleiner Onlinerechner für den Stromverbrauch auf Ihrem Boot.

Verbrauchertabelle Beispiel						
	Ah normal	Ah Standby	Ah Betrieb	Ah gemittelt	Betriebsstunden/Tag	Gesamt Ah/Tag
AIS-Empfänger	0,1			0,1	10	1
AIS-Transponder	0,5			0,5	10	5
Antennensplitter	0,01			0,01	10	0,1
Funkgerät		1,5	5,5	2	10	20
Fishfinder	0,7			0,7	10	7
GPS-Empfänger	0,1			0,1	10	1
Plotter	0,9			0,9	10	9
Radar		0,7	3	1,6	2	3,2
Pos.-beleuchtung LED 3 Farben	0,25			0,25	2	0,5
Pos.-beleuchtung LED Maschinenfahrt	0,01			0,01	2	0,02
Radio/Musik	2			2	3	6
Beleuchtung innen LED	1			1	3	3
Log	0,03			0,03	10	0,3
Echolot	0,03			0,03	10	0,3
					Gesamt:	56,42

Verbrauchstabelle: Die eingetragenen Werte sind realistisch, aber stark abhängig von den eingesetzten Geräten. Tragen Sie bitte unbedingt die Werte ein, die sich aus den Betriebsanleitungen Ihrer Geräte entnehmen lassen.

Auf diese Weise kann man den täglichen Verbrauch aller Geräte in einer Tabelle aufführen und die Einzelergebnisse zusammenrechnen.

Am Ende habe ich den täglichen Verbrauch meiner gesamten Stromfresser; auf diesen schlage ich noch eine Sicherheitsreserve von etwa 20% auf. Nun kalkuliere ich, wie oft ich in einer Segelwoche zum Nachladen komme. Liefert mir ein Windgenerator oder ein Solarpaneel unterwegs schon Strom, fließt das einfach in die Kalkulation mit ein. So lässt sich über die installierten oder geplanten Verbraucher berechnen, wie groß meine Batterie sein muss.

Kabelkanäle vorbereiten

Wenn Sie neue Geräte einbauen, brauche Sie zwei Dinge in jedem Fall: Strom – und damit eine Verbindung zur Batterie – und Wege, die die nötigen Kabel laufen können.

Die Kabel stellen in der Regel die Stromversorgung sicher und versorgen das Anzeigegerät mit Daten – ob das nun ein Echolot ist, ein Speedometer oder auch die Verbindung zu einer Antenne.

Natürlich kann Sie niemand daran hindern, das Stromkabel des Funkgerätes quer durch den Salon zu verlegen und das Antennenkabel zwischen Niedergangschott und Schiebeluk vorbei zu führen. Häufig gibt es halbherzige Lösungen etwa derart, dass ein Kabel unter die Polster gelegt und hier und da mit einem Klecks Montagekleber fixiert worden ist. So ist es optisch verschwunden, und das Gerät funktioniert auch. Viele Eigner fahren mit solchen Lösungen erstaunlich lange durch die Gegend, ohne dass irgendetwas Sonderbares passiert.

Dagegen spricht trotzdem, dass Sie ihre Kabel sehr ungeschützt herumliegen haben. Sie können gequetscht oder gescheuert werden, oder auch einfach beim Herumkramen nach irgendetwas im Stauraum herausgerissen werden. Was schon im Bastelkeller bedenklich ist, wird auf einem Boot erst recht riskant, das sich zusätzlich im Seegang bewegt.

Zum zweiten richten Sie langsam aber sicher ein Chaos an, wenn im Laufe der Zeit mehr und mehr Geräte und damit Kabel dazu kommen. Während

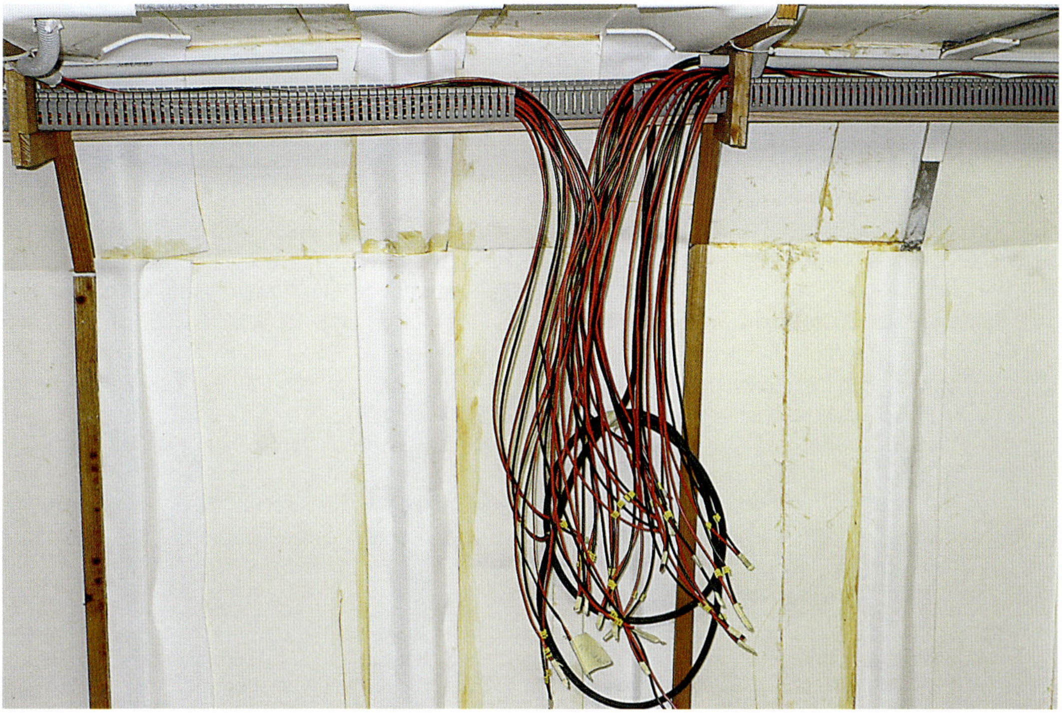

Kabelkanäle bringen Ordnung: Hier mit Klammern – Sie können ein Kabel jederzeit an jeder Stelle herausführen.

Hier sind die Kabel in einem flexiblen Rohr verlegt: Gut geschützt, gut anzubringen. (Beide Bilder von Hansjörg Bosch)

des Einbaus mögen Sie die Idee, die hinter den PVC-Spaghetti steckt, vielleicht noch nachvollziehen. Bei einer Reparatur oder Ergänzung zwei Saisons später aber nicht mehr. Andere haben gar keine Chance, durch das Kabelgewirr zu dringen, bei dem zusätzlich noch ein Durcheinander von roten, grünen, blauen, schwarzen und pinkfarbenen Strippen herrscht.

Machen Sie sich ein paar sehr einfache Regel zu eigen.

1.) Machen Sie sich einen Plan, welche Geräte wo hin sollen. Und planen Sie gleich Reserven für Unvorhergesehenes ein – etwa eine 12V-Steckdose, die im Vorschiff vielleicht doch ganz gut zu gebrauchen ist.
2.) Auch bei Kabelnot mitten im Bastelfieber stückeln Sie nicht das nächstbeste vorhandene Reststück an, sondern verwenden Sie immer ausreichend langes Kabel. Ist keins da, unterbrechen Sie die Arbeit und kaufen sich neues Kabel.
3.) Verwenden Sie genormte Anschlüsse und Stecker.
4.) Rot geht vom Batterieplus weg und hin zum Verbraucher, schwarz vom Verbraucher zum Batterieminus. Machen Sie keine Ausnahme. Das erleichtert spätere Reparatur- und Wartungsarbeiten enorm.
5.) Nummerieren Sie alle Kabel an beiden Enden durch. Dafür gibt es im Elektronikhandel kleine Clips, die auf die Kabel gesteckt werden. Haben Sie diese Clips nicht, tut es auch ein Stück Isolierband, das Sie beschriften. Nummerieren Sie die Kabel immer sofort durch, und nicht erst später. Das Funkgerät bekommt die Kabelnummer 1, das Echolot die Kabelnummer 2 usw.
6.) Verlegen Sie Kabelkanäle. Die gibt es in unterschiedlichen Varianten im Baumarkt: als flexible PVC-Röhren oder als Kanäle mit Klammern; diese haben den Vorteil, dass sie das Kabel jederzeit aus dem Kanal herausführen können.

Auf den Fotos auf Seite 11 sehen Sie eine Idealsituation: Der Eigner hat in zweijähriger Arbeit ein Aluminiumkasko ausgebaut – das Boot war also komplett ohne Einbauten. Die Verlegung der Kabelwege in Kanälen war einer seiner ersten Arbeitsschritte. Auf dem oberen Bild kommen alle verlegten Kabel an der Stelle an, die später die Zentrale mit dem Schaltpaneel wird. Hier wird auch klar, wie aufgeschmissen man wäre, wenn die Kabel nicht nummeriert wären – erkennbar an den kleinen gelben Clips an den Kabelenden.

Man muss kein komplett entkerntes Boot haben, um ähnlich sorgfältig zu arbeiten: Nutzen Sie das Winterlager, in dem Ihr Boot sowieso weitgehend ausgeräumt ist, um Kabelkanäle zu verlegen. Wenn Sie dabei Löcher durch Schottwände bohren müssen, um die Rohre hindurch zu bekommen, dann schleifen Sie die Ränder glatt und verwenden Sie Kantenschützer, die es ebenfalls im Baumarkt gibt. So vermindern Sie, dass es an diesen Stellen scheuert. Dort, wo Ihr Schaltpaneel sitzt, können Sie die ganzen Kabel an einer Schiene einsammeln. Die dazu nötigen Bauteile bekommen Sie im Elektronikhandel.

Diese Sammelschiene hält die Angelegenheit übersichtlich und erleichtert Ihnen später die Verbindung zum Schaltpaneel. Die Schiene erleichtert es auch, später doch noch mehr Geräte und damit Verbindungen anzubringen, als Sie vorab geplant hatten.

Lassen Sie sich dabei von der Menge an Kabel nicht abschrecken: Die Bildbeispiele dokumentieren einen kompletten Ausbau. Sie werden es beim Einbau von ein paar Geräten mit deutlich weniger Kabeln zu tun haben.

Kabel an Bordwand entlang und durch ein Schott verlegen

Es wird automatisch darauf hinauslaufen, dass Sie Kabelwege entlang der Bordwand laufen lassen wollen. Die Realisierung mit den flexiblen PVC-Rohren ist da schnell gemacht. Mit Montagekleber befestigen Sie eine Leiste an der Bordwand – so dünn wie möglich, damit sie flexibel ist und sich anpassen kann, und so dick wie nötig, damit Sie später beim Schrauben keine Löcher in die Bordwand bohren.

Damit der Kleber hält, sollten Sie die Bordwand dort, wo die Leiste hin soll entfetten. Das geht mit Aceton.

Auf die Leiste kommen kleine Montagesockel, durch die sich Kabelbinder ziehen lassen. Die Sockel haben häufig Klebestellen – auf die würde ich mich aber nicht verlassen. Besser ist es, sie festzuschrauben. Sie bekommen im Baumarkt stattdessen auch passgenaue Klemmen für die

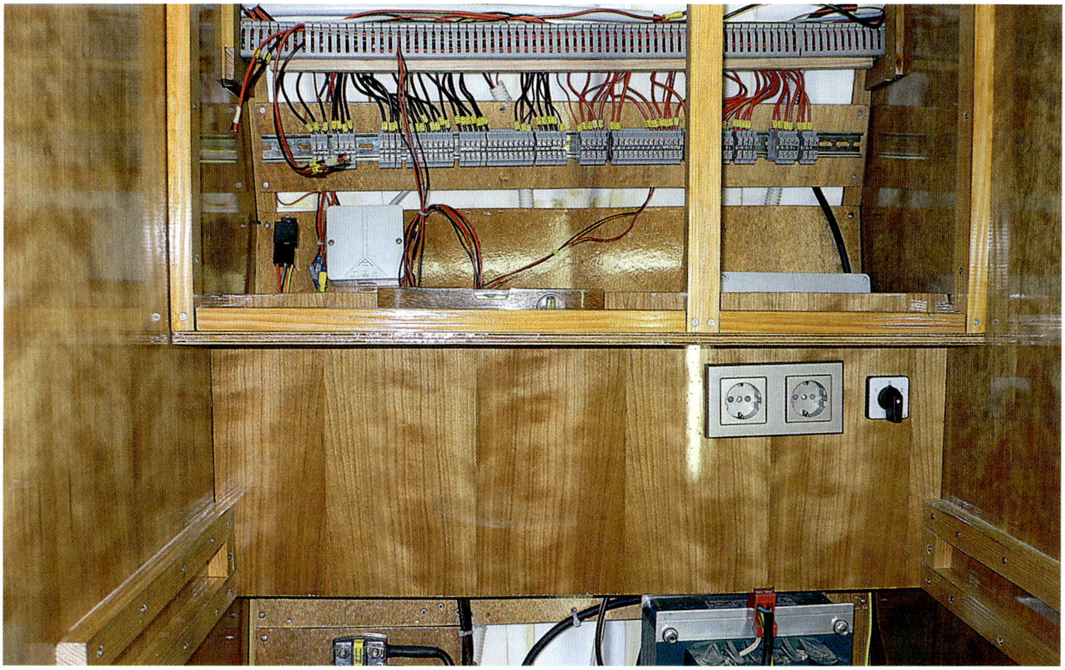

Hier werden die Kabel an einer Schiene gesammelt.

Von der Schiene aus schafft man die Verbindung zum Schaltpaneel – alles immer ordentlich mit genormten Verbindungsteilen. (Beide Bilder: Hansjörg Bosch)

Die Montagesockel auf die Leiste schrauben, ...

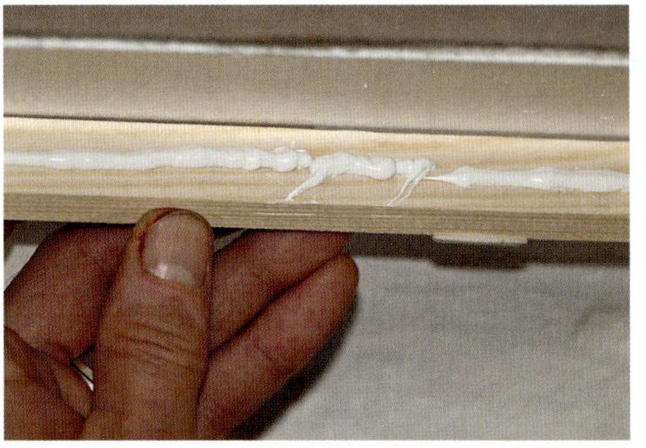

... die Leiste ankleben, ...

... den Durchgang mit der Lochsäge bohren, ...

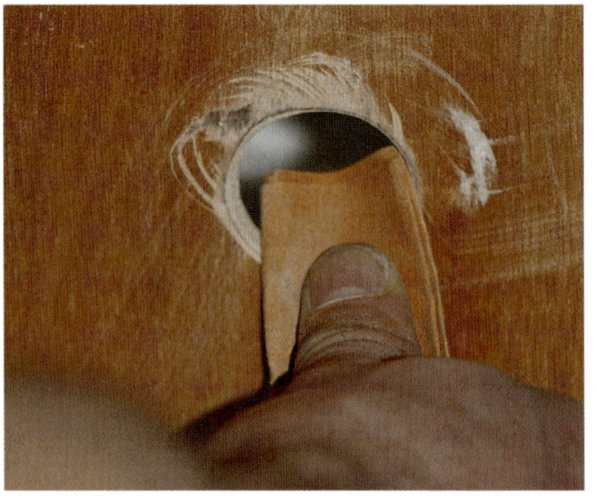

... das Loch sauber schleifen.

Rohre. Es spricht nicht viel dagegen, die zu verwenden. Kabelbinder habe ich nur deswegen genommen, weil dann der Durchmesser der Rohre nicht wichtig ist, und die Binder wegen ihrer vielseitigen Verwendbarkeit sowieso im Dutzend in der Schublade liegen. Die Klemmen sind dagegen auf die Rohrdurchmesser abgestimmt.

Da Sie wahrscheinlich irgendwann auf ein Schott stoßen, müssen Sie auch das durchbohren. Dafür bietet sich die Lochsäge an. Das Loch bearbeiten Sie noch mit Schleifpapier, damit keine scharfen Kanten bleiben.

In unserem Beispiel ist das Schott aus Holz – wenn es aus GFK ist, macht das keinen Unterschied. Das lässt sich mit Lochsäge und Schleifpapier ebenso bearbeiten.

Beachten Sie dabei aber zwei Dinge: Mit einem Durchbruch durch ein Schott stellen Sie eine Undichtigkeit her. Das ist wichtig, wenn das Schott auch abdichten soll. Zweitens: Ein Schott dient durchaus auch der statischen Stabilisierung in

Das Ergebnis ist ordentlich, haltbar und erweiterbar.

Ihrem Boot. Schwächen Sie also die Stabilität nicht durch unnötige Löcher.

Das PVC-Rohr wird nun noch mit den Kabelbindern befestigt, und fertig ist Ihr Kabelkanal entlang der Bordwand.

Tipp:

Mit aufgeklebten Leisten an der Bordwand können Sie auch eine Unterkonstruktion bauen, auf die Sie eine Holzplatte setzen, die als Träger für Ihre Elektroinstallation dient.

Einbau eines Gerätes in eine Instrumentenwand

In dem Beispiel baue ich ein Funkgerät in eine Instrumentenwand ein. Die Arbeitsschritte lassen sich auch auf andere Geräte übertragen: Es geht darum, ein passendes Loch in die Wand zu bekommen, das Gerät einzuschieben und zu fixieren.

Ob die Instrumentenwand wie hier aus Sperrholz besteht oder aus GFK, macht in diesem Fall keinen Unterschied: Beides lässt sich mit Bohrer, Stichsäge und Schleifpapier bearbeiten. Zu beachten ist lediglich, dass das Material zum Flattern neigt; gehen Sie deshalb mit einem feinen Sägeblatt vor. Meist nicht zu realisieren, aber wenn es geht, ist es die beste Lösung: Das Brett ausbauen und einspannen, um zu sägen.

Vor dem Sägen des Lochs steht die Frage nach dessen Ausmaßen. Den meisten Einbauinstrumenten liegt eine Schablone bei. Aber nicht allen. In diesem Fall müssen Sie die Schablone selbst aus Pappe anfertigen. Das ist mit etwas Sorgfalt kein Problem.

Sie nehmen die Maße ab, übertragen Sie auf die Pappe und schneiden das entsprechende Stück mit einem Tapetenmesser aus. Zur Probe können Sie das Gegenstück der Schablone so über das Gerät ziehen, als wollten Sie es dort einpassen. Sie sehen nun, ob Sie sich vertan haben, oder ob alles stimmt.

Nun könne Sie die Schablonenform auf Ihre Instrumentenwand übertragen. Achten Sie darauf, dass Sie die Schablone nicht schief ansetzen. Wählen Sie einen Filzstift, den Sie nachher abwischen können, dann haben Sie kein Problem mit Farbresten.

Wo es um die Kurve geht, kann man vorbohren. Ein Loch braucht man sowieso für das Sägeblatt.

Solange Späne die Sicht nicht verdecken, sieht man auch, wohin man schneidet.

Es gibt zwar extra Stichsägeblätter, um Kurven zu schneiden, aber die hat man nicht immer zur Hand – oder aber man ist zu bequem, mitten bei der Arbeit die Blätter zu wechseln. Einerlei warum: Wenn Sie vor dem Sägen mit einem Bohrer Löcher in die Ecken bohren, kommen Sie dort nicht in die Verlegenheit, sich versägen zu können. Achten Sie nur darauf, dass die Löcher innerhalb der geplanten Aussparung liegen.

Die Stichsäge platzieren Sie in einem der Bohrlöcher und sägen langsam die Form aus. Ist das Stück in der Mitte gefallen, schleifen Sie die Ränder mit Sandpapier glatt.

Nun kann das Gerät eingesetzt werden. Liegt dem Gerät eine Gummidichtung bei, setzen Sie sie vorher auf, auch wenn es innen verbaut werden soll. Vor dem Kauf sollten Sie klären, ob Ihrem Gerät ein Einbaukit beiliegt, oder ob Sie das extra dazu kaufen müssen.

In diesem Fall besteht das Einbaukit aus zwei Edelstahlwinkeln und zwei Schrauben.

Der Rest ist schnell erledigt: Von hinten werden die Winkel mit den Schrauben angebracht, und das Ganze wird so angepresst, dass es stramm sitzt, und dann festgezogen.

In diesem Fall habe ich den Klemmen nicht ganz über den Weg getraut und zur Unterstützung unten noch ein kleines Holzstück angeleimt.

Pressen, halten und schrauben, eigentlich bräuchte man eine dritte Hand, um die Klemme auf Spannung zu setzen.

Zur Unterstützung ist hier noch ein Stück Restholz unten eingeleimt.

Passt, sitzt, wackelt und hat Luft.

Anschrauben eines Gerätes mit Standfuß oder Bügel

Den Platz sucht man vorher aus: Kann man das Gerät aus seiner normalen Arbeitshaltung heraus gut sehen und bedienen? Bei Plottern oder anderen Geräten mit Speicherkarten sollte man außerdem darauf achten, dass man gut an den Kartenschlitz herankommt, um die Speichermedien bei Bedarf austauschen zu können.

Wenn man kann, sollte man den Bügel des Gerätes mit Schrauben einsetzen, die man auf der anderen Seite mit Muttern sichern kann. Achten Sie darauf, ob und wenn ja wie weit die Schrauben unten herausschauen; Sie wären nicht der Erste, der eine Schublade nicht mehr öffnen kann, weil vier Schraubenspitzen sie behindern.

Schön, wenn die Schrauben unten nirgendwo hineinpieksen.

Die Sache mit dem Bügel dauert keine fünf Minuten.

Verkabelung zur Stromversorgung

Wenn Skipper nicht gerade Elektriker sind, neigen sie zu einer gewissen Sorglosigkeit, was das Anschließen von Stromkabeln betrifft. Das liegt vielleicht daran, dass man sich an der Bordspannung von 12 V so schnell keinen Stromschlag holt und sie deshalb generell für harmlos hält. Kabel werden einfach miteinander verdrillt und dann mit Isolierband umwickelt. Auch an den Anschlüssen zur Schalttafel sieht man häufig sehr nachlässig ausgeführte Verbindungen.

Die können allerdings erhebliche Probleme bereiten, von denen eine Störung an einem Gerät die harmlosere Variante ist. Einfach verdrillte Kabel können sich lockern und sind meist von sich aus nicht so gut miteinander verbunden, wie es sein soll. Das Ergebnis kann dann sein, dass die Stromverbindung am sprichwörtlichen dünnen Fädchen hängt – das sorgt für Wärme, und der Draht kann ebenso heiß werden wie der dünne Draht einer Glühbirne. Die Folge können verschmorte Leitungen sein und im Extremfall Brandgefahr.

Ein anderes Risiko ist die Gefahr von Kurzschlüssen dadurch, dass beim Verdrillen etwa eines Kabelendes an der Schalttafel feinste Drähtchen noch abstehen und benachbarte Kontakte berühren können.

Dabei ist es relativ einfach, saubere Verdrahtungen anzufertigen, und der dazu nötige Aufwand ist überschaubar.

Man benötigt im wesentlichen zwei Werkzeuge: eine Kabelschuhzange (auch Crimpzange genannt) und einer Aderendhülsenzange.

Beide sorgen durch genau abgestimmte Verquetschung genormter Hülsen und Stecker dafür, dass Draht und Stecker die bestmögliche Verbindung eingehen.

Als Draht sollte man im Bootsbereich grundsätzlich nur Litzenleitungen verwenden. Da dort eine Ader aus mehreren dünnen Drähtchen besteht,

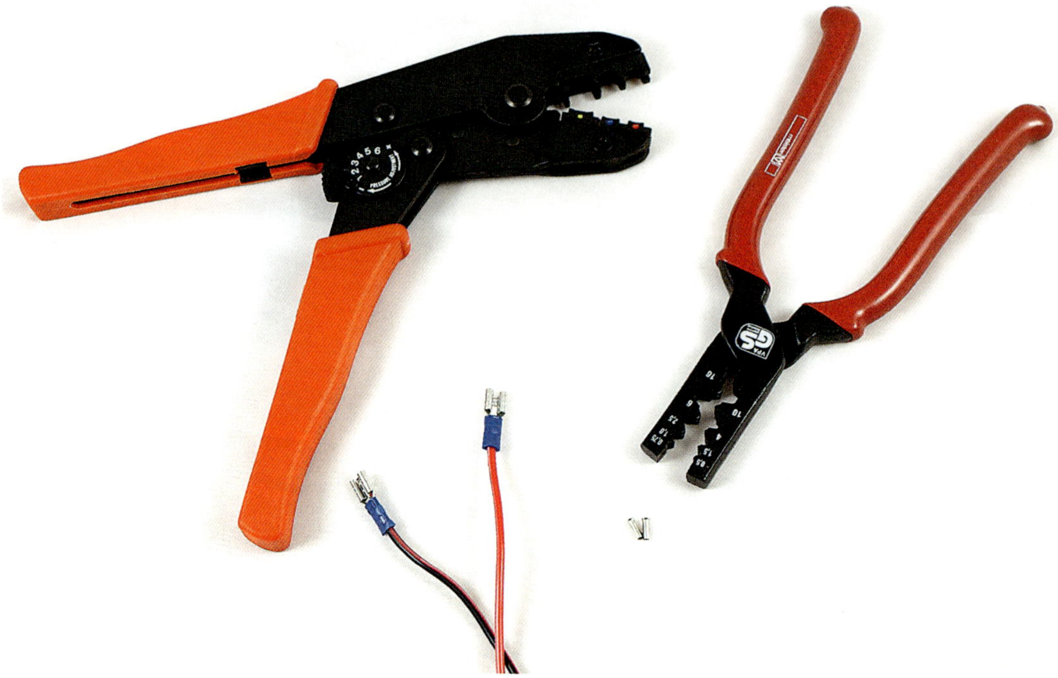

Links die Crimpzange, rechts die Aderendhülsenzange.

Die feinen Drähte brauchen eine Verbindung zum Hülsenblech.

Letztlich ist es wie im Leben: Gute Kontakte sind die halbe Miete.

Ein Kabelschuh sitzt entschieden straffer auf dem Kontakt der Schalttafel als ein verdrilltes Kabel.

Minuskabel sammle ich an der Masseschiene. Die führt alle Minuspole zusammen zur Batterie.

sind sie flexibler als Massivdrahtkabel und brechen nicht so schnell.

Bevor Sie eine ganz billige Crimpzange verwenden, leihen Sie sich besser eine gute bei einem Elektriker. Ich kann verstehen, wenn Sie für ein paar Drahtleitungen nicht noch einmal neues Werkzeug kaufen wollen. Aber die billigen dünnen Quetschzangen für sechs oder sieben Euro sind ihr Geld nicht wert: Sie schneiden mehr in das Blech der Hülse hinein, als dass sie es zusammenpressen, und sie sorgen deswegen nicht für einen guten Halt zwischen Draht und Quetschverbindern.

Für meine Crimpzange habe ich etwa 25 Euro bezahlt, und sie schafft zuverlässige Verbindungen. Etwa ebenso teuer ist die Aderendhülsenzange. Sie ist dafür da, kleine Hülsen über das abisolierte Ende des Kabels zu pressen. Mit einer Aderendhülse verhindern Sie, dass die feinen Drähte der Ader auseinander gedrückt werden, anstatt sich mit ihrer gesamten Fläche leitend mit den jeweiligen Hülsen und Steckern zu verbinden. Dazu brauchen Sie noch einen Satz Quetschverbinder und Hülsen für die Aderenden. Auf Booten kommen wir mit den genormten Durchmessern 1,5 mm, 2,5 mm und 6 mm in der Regel zurecht. Sollten Sie doch andere Durchmesser benötigen, können Sie für die Crimpzange einen anderen Satz Backen holen; diese werden in die Zange eingeschraubt.

Der Umgang mit den beiden Zangen ist wirklich nicht schwer; wenn Sie es noch nie gemacht haben, üben Sie an ein paar Kabeln. Achten Sie einfach darauf, dass Sie jeweils die richtige Kerbe in der Zange für die jeweilige Drahtstärke nehmen, und dass Sie die passenden Quetschverbinder dazu benutzen. Prüfen Sie anschließend die Festigkeit der Verbindungen und Sie werden feststellen, dass die keine Wünsche offen lässt.

Um ein neues Gerät an die Stromversorgung hängen zu können, versorgen Sie das Kabel also entsprechend und setzen dann zum Abschluss einen Kabelschuh auf, der auf den Kontakt an der Schalttafel passt.

Verlegung eines Kabels durch das Deck

Um Ihre Kabelsammlung vom Mastfuß bis zur Schalttafel in der Kajüte zu bekommen, müssen Sie zwangsläufig irgendwo an Deck durchbohren. Dabei gibt es im Prinzip drei Möglichkeiten:

1.) Durch das Deck bohren und dabei wasserdichte Steckkontakte verwenden.
2.) Durch das Deck bohren und einen Schwanenhals verwenden.
3.) Durch das Deck bohren und die Bohrung mit einer passenden Muffe abdichten.

Steckkontakte haben einen großen Vorteil: Sie befinden sich in der Regel alle am Mastfuß oder in unmittelbarer Nähe. Das bedeutet: Wenn Sie den Mast legen, brauchen Sie nur die Stecker auszustöpseln, und Sie haben eine saubere Trennung, ohne dass die Kabel beim späteren Bewegen des Masten irgendwo ausreißen können.

Die Methode hat allerdings Nachteile. Der eine kommt zum Tragen, wenn Sie ziemlich viele Stecker vom Mastfuß durch das Deck bekommen müssen, denn dann fangen Sie an, den Bereich in Mastnähe zu perforieren und damit zu schwächen. Der zweite liegt in Antennenkabeln. Bei ihnen gilt, Unterbrechungen von der Antenne bis zum Antenneneingang des Funkgerätes, AIS-Gerätes oder Splitters möglichst zu vermeiden. Jede Unterbrechung birgt die Gefahr, dass das Antennensignal gedämpft wird. Das umgehen Sie mit einem Schwanenhals. Konstruktionsbedingt kommt so gut wie kein Wasser durch, obwohl nichts abgedichtet ist. Hier können Sie mehrere Kabel durch einen einzigen Durchbruch führen. Der Nachteil dieser Methode liegt darin, dass man die Kabel unter Deck erst lösen muss, bevor der Mast gelegt oder gezogen werden kann. Der gleiche Nachteil ergibt sich auch, wenn Sie eine Muffe verwenden. Natürlich lässt sich das vereinfachen, in dem man alle Stromkabel eben unter Deck mit Steckern oder Klemmen verbindet. Bei Antennenkabeln sollte Sie allerdings bei der Devise bleiben, sie möglichst in einem Stück zu führen.

Entscheiden Sie sich für Steckkontakte, bohren Sie für jeden Stecker ein Loch. Es muss nur groß genug sein, damit das jeweilige Kabel durch passt – dafür reicht meist ein Bohrer von 8 oder 10 mm.

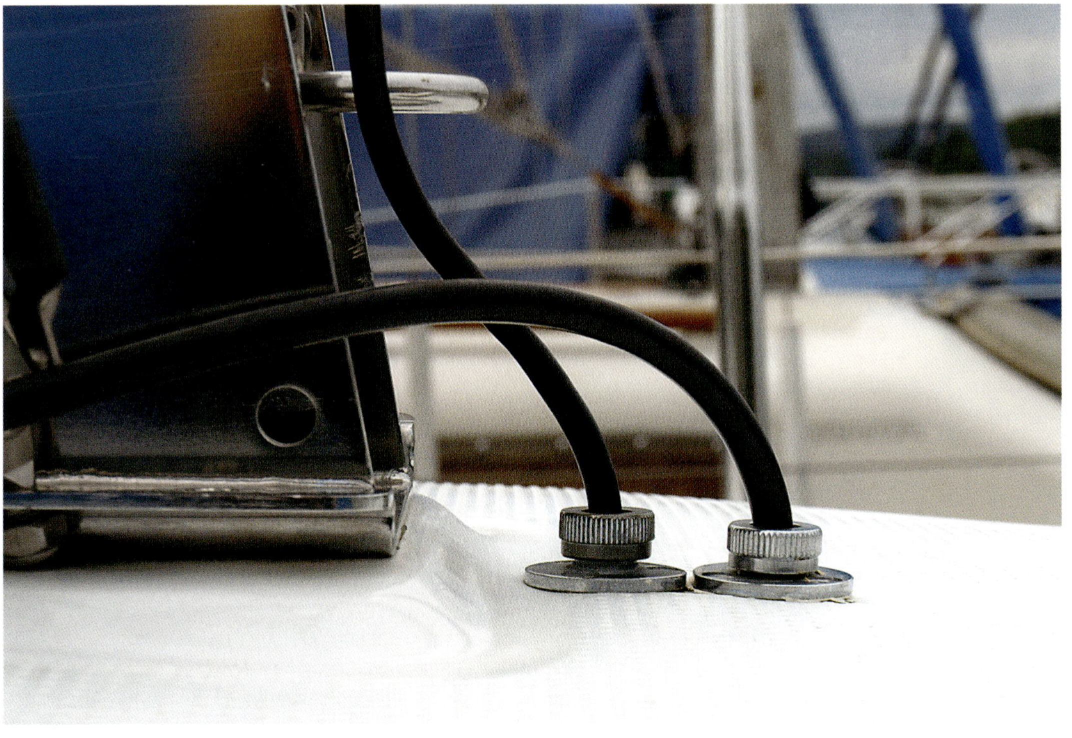

Decksdurchführung mit einer Muffe.

Decksdurchführung mit Schwanenhals.

Wollen Sie einen Schwanenhals setzen, kommt die Lochsäge zum Einsatz. Ihr Durchmesser richtet sich nach den benötigten Kabeln – planen Sie dabei besser ein wenig Reserve ein.

Das Loch können Sie an den Sägerändern mit etwas Farbe versiegeln. Der Schwanenhals wird mit Dichtmasse aufgesetzt und entweder angeschraubt oder durchgebolzt. Achten Sie bei der Standortwahl für den Schwanenhals darauf, dass sich keine Schoten oder anderes darin verfangen können. Auch sollte er nicht gerade dort liegen, wo der natürliche Laufweg herführt.

Tipp:

Wenn Ihr Kajütdach aus Holz ist, heißt es noch etwas mehr aufpassen.
Beim Bohren gilt: Bohren Sie besser mit einem dünnen Bohrer vor. Dann mit dem dickeren Bohrer für den geplanten Durchmesser arbeiten – aber nur bis etwa zur Hälfte der Holzstärke. Dann erweitern Sie das Loch von der anderen Seite und bohren die fehlende Hälfte auf. Der Sinn der Sache: Wenn Sie in einem durchbohren kann es passieren, dass das Bohrloch am unteren Ende ausreißt und unschön aussieht.
Für die Arbeit mit der Lochsäge gilt analog das gleiche Verfahren. Dadurch, dass Sie mit dem dünnen Bohrer vorarbeiten wissen Sie, wo die Mitte ist – und können auch von der anderen Kajütdachseite an der richtigen Stelle ansetzen.

Verlegung eines Kabels durch den Masten

Glücklich ist, wer im Mast ein Kabelrohr hat, das schon mit innenliegenden dünnen Sehnen versehen ist, um neue Kabel einzuziehen. Alle anderen müssen sich etwas anderes einfallen lassen.

In der Regel macht man solche Arbeiten im Winterlager, da es zu unbequem ist, in den Mast zu steigen, um eine Antenne anzubringen; so etwas überlegt man sich vor Saisonbeginn.

Was man auch machen kann: Vor dem Auskranen des Bootes noch in den Mast zu steigen, um eine dünne Leine mit einem Gewicht durch den Mast zu führen, das unten am Fuß wieder heraus kommt.

Liegt der Mast schon, kann man einen langen Draht durch den Mast schieben, an dessen Ende das Kabel befestigt ist. Am einfachsten geht die Arbeit mit einem Ziehband; das ist ein Nylonband von der Stärke eines starken Drahtes. Es hat einen runden Kopf mit Feder, um sich durch Engstellen und Krümmungen durchmogeln zu können. Am anderen Ende ist eine Art Öhr, in das man das Kabel fädeln kann – genauso gut kann man es dort aber auch mit Isolierband festkleben. Es kostet ein paar Euro im Baumarkt oder ein Flasche Bier, wenn man einen befreundeten Elektriker fragt.

Was auch schon funktioniert haben soll ist, mit Pfeil und Bogen seiner Kinder zu arbeiten, um die Führungsleine in den Mast zu bekommen.

Es kann etwas länger dauern, bis man den Ziehdraht (oder was immer man verwendet) am unte-

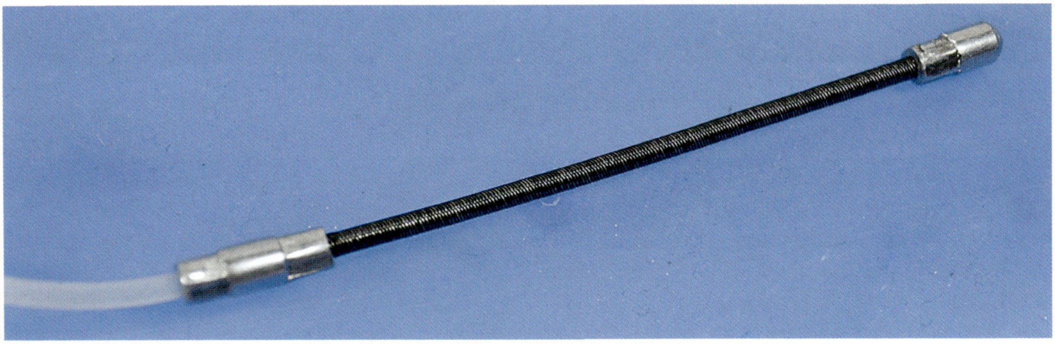

Der Kopf eines Ziehbandes ist flexibel, damit er durch Krümmungen kommt.

Das Loch ist gebohrt, das Ziehband im Mast verschwunden ...

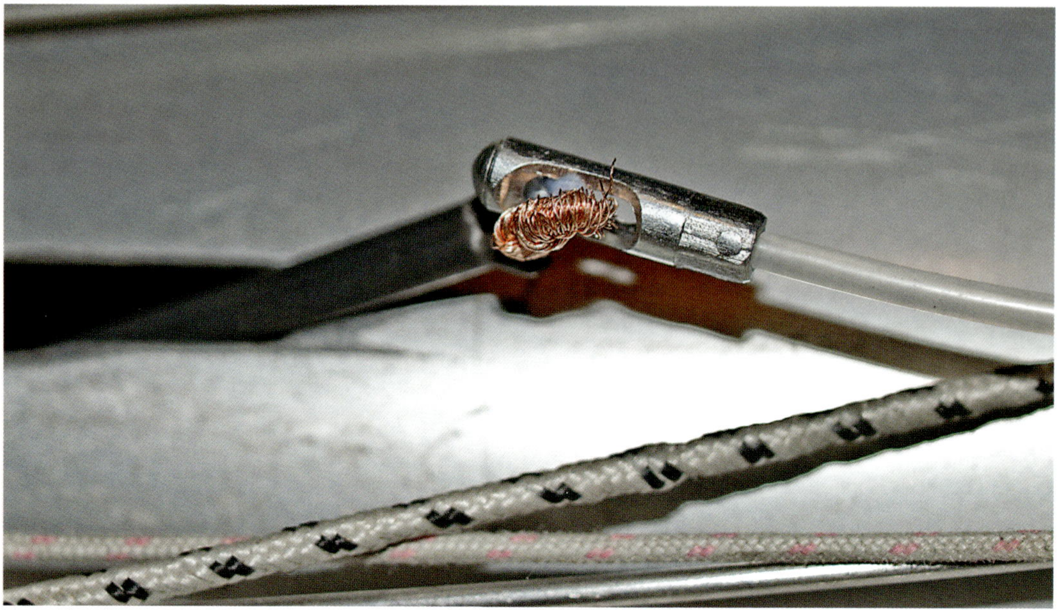

... und in Nähe des Mastfußes heraus gefummelt. Das Kabel ist durch.

ren Ende wirklich durch die kleine Öffnung bekommen hat. Um das zu beschleunigen, kann man sich mit einem zweiten, kurzen Stück Draht behelfen.

Wer einen Mastrohling hat, kann diese Methode verfeinern, um mit der Führungsleine einen mit Klebstoff eingeschmierten Gartenschlauch in den Mast zu führen, der dann später als Kabelrohr dient – so sind die Kabel vor Scheuern durch die Fallen geschützt.

Ist das Kabel eingezogen, sollten Sie es im Topp mit einer Muffe davor schützen, dass es an einer Kante scheuert oder bei Zug an der Antenne reißt. Eine andere Möglichkeit besteht darin, es dort, wo das möglich ist, mit UV-stabilem Kabelbinder zu fixieren. Diese Kabelbinder sind enorm praktisch und haltbar.

Montage einer Antenne oder einer Montagehalterung am Mast

Die meisten Boote haben Masten aus Aluminium. Um hier eine Antenne oder eine Montagehalterung anzubringen ist die häufigste praktizierte Methode, mit Blindnieten zu arbeiten – sie sind allgemein bekannt als Poppnieten. Dazu benötigen Sie einen Bohrer, eine Blindnietenzange und eine entsprechende Auswahl an Nieten.

Die Arbeitsweise: Sie bohren ein Loch entsprechend der Größe der benötigen Niete vor. Dann setzen Sie die Nieten entsprechend den Bildern in die Zange ein, schieben sie durch die Halterung in das Loch und drücken die Zange kräftig. Drücken Sie so oft, bis die Niete angepresst ist und der Draht reißt; das ist genau das, was er tun soll. Die Verbindungen sind sehr haltbar. Um eine Poppniete irgendwann zu entfernen, bohrt man sie einfach aus.

Grundsätzlich ist zu beachten, dass Sie den Mast nicht unnötig mit Löchern perforieren. Jedes Loch bedeutet eine Schwächung des Masten. Da wir ohne Löcher aber nicht auskommen, sollten Sie vorher schon eine Idee haben, welche Anbauteile Sie wo am Mast platzieren wollen, denn im Masttopp kann sich einiges an Gerät drängeln: Windanzeiger, Beleuchtung, UKW-Antenne, AIS-Antenne etc. Hier ist besonders zu beachten, wie die Geräte idealerweise angebracht werden sollten: Die UKW-Antenne etwa möglichst weit oben, um eine möglichst hohe Reichweite zu haben – aber nicht so, dass sie dem Windanzeiger ins Gehege kommen.

Wegen des geringen Platzangebotes ist an diesem Punkt die Entscheidung sinnvoll, ob Sie eine

Das Arbeiten mit der Poppnietenzange geht sehr leicht von der Hand. Hier werden zur Demonstration zwei Aluplatten miteinander verbunden.

Antenne für UKW-Funk, Radio und AIS zusammen nutzen wollen; dann können Sie die unter Deck an einen Splitter anschließen. Der teilt die Signale für die jeweiligen Geräte auf und bietet auch die nötigen Anschlüsse. Die andere Entscheidung wäre, mehrere Antennen unterzubringen.

Die Arbeitsgänge im Einzelnen sehen Sie auf den Abbildungen.

Es gibt auch Halterungen, die für genügend Sicherheitsabstand zum Beispiel von der Windex sorgen können. Eine andere Alternative sind Kombi-Instrumente aus Windanzeiger und UKW-Antenne.

Blindnieten aus Aluminium verursachen keine Korrosionsprobleme mit dem Alumasten. Sollten Sie Blindnieten entfernen müssen, ist auch das kein Problem. Sie bohren mitten in die Niete hinein. Dann gibt es ein paar Aluspäne, und wenige Sekunden später purzelt die aufgebohrte Niete ins Innere. Die große Kunst besteht dann darin, die Reste anschließend aus dem Inneren zu entfernen …

Eine Alternative zu den Nieten sind Schrauben, die sich in das Alu schneiden, und die Anbauteilen wie einer Antenne oft schon beiliegen.

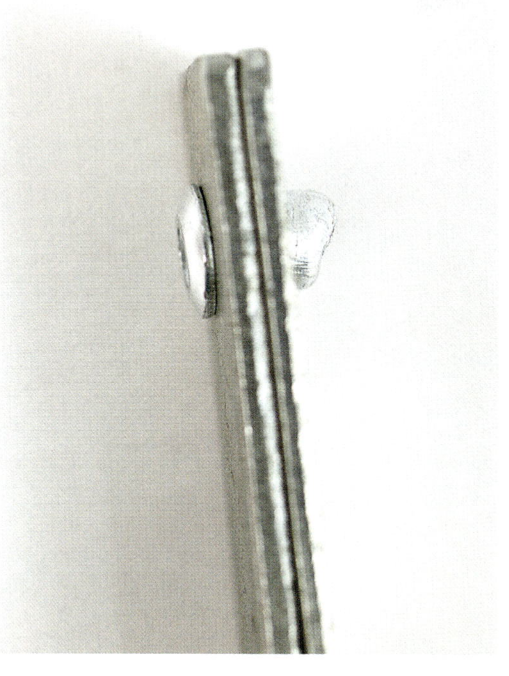

Am Ende bleiben eine fertige Niete und eine sehr haltbare Verbindung.

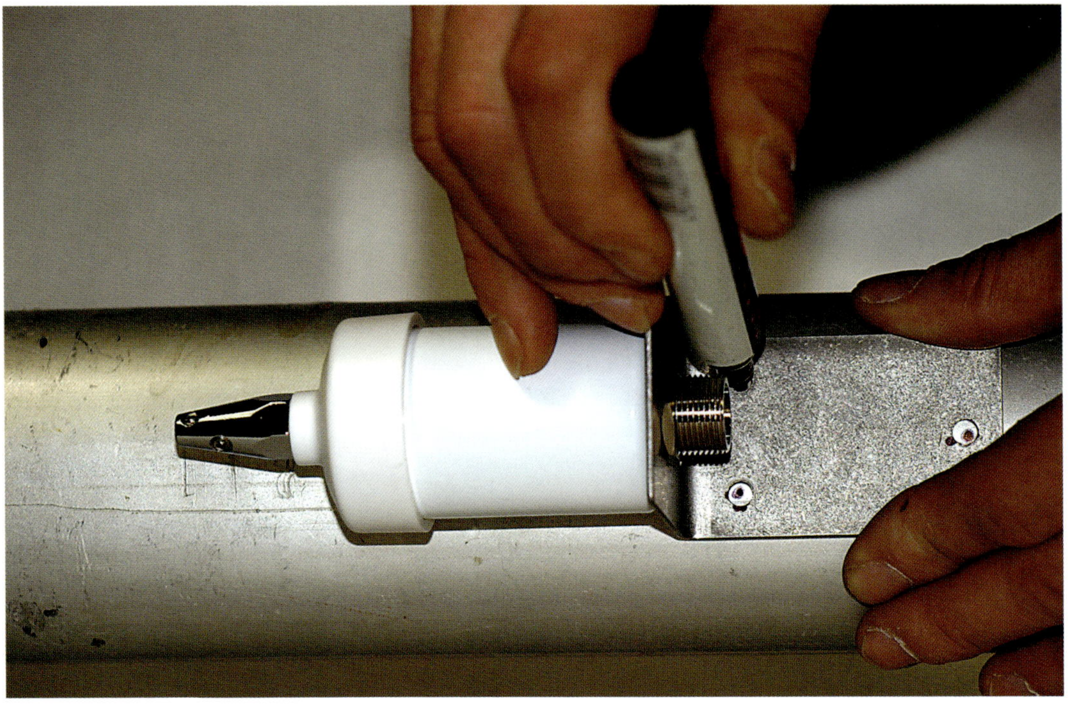

Anzeichnen.

Bohren.

Nieten setzen.

Fertig.

1 WELCHES GERÄT MACHT WAS?

AIS-Geräte

Das Verwirrende an den elektronischen Zauberkästen für Boote ist die beachtliche Zahl an Abkürzungen, die einem schon beim ersten Erklärungsversuch begegnet. Die Funktionen sind dagegen meist recht schnell beschrieben. Was ein GPS ist, werden Sie wissen: Es sagt ihnen, wo Sie sind. Das AIS sagt Ihnen, wo andere sind. Das AIS-System gehört zu den neueren elektronischen Helferlein auf dem Bootsmarkt. Das Kürzel steht für »Automatisches Informationssystem«.

Haben Sie so ein Gerät auf Ihrem Boot eingebaut, dann haben Sie folgende Teile: einen Empfänger, eine Antenne und einen Chartplotter mit AIS-Anzeige oder einen reinen AIS-Bildschirm.

Sie erfahren damit allerhand Details über andere Boote, die sich in Ihrer Nähe befinden. Auf dem Bildschirm sehen Sie etwa, dass ein Boot zu Ihnen auf Kollisionskurs ist. Das System teilt Ihnen mit, wie schnell das Boot ist und welchen Kurs es fährt.

Sie können das Boot auch identifizieren. Das AIS liefert Ihnen diese Angaben:

- Schiffsname mit internationaler Schiffsnummer,
- die Funkkennung, so dass Sie es direkt anfunken können, sowie
- die MMSI-Nummer (Maritime Mobile Service Identity).
- Wenn Sie sich für die Länge, Breite und den Tiefgang Ihres »Gegners« interessieren, auch das hält AIS für Sie bereit.

Aus diesen Daten kann Software eine Menge errechnen. Naheliegend ist es zum Beispiel, Sie mit der Information zu versorgen, in wie viel Minuten es kracht, wenn Sie oder Ihr Kollisionsgegner Ihren Kurs nicht ändern. Das Ganze lässt sich sehr komfortabel auf einem Bildschirm darstellen.

Seit dem Jahr 2008 sind Berufsschiffe über 300 BRZ (=Bruttoraumzahl) verpflichtet, eine AIS-Anlage an Bord zu haben. Das gleiche gilt für Schiffe die länger als 20 m sind, oder die mehr als 50 Passagiere befördern können.

So schön das System an sich ist: Hier liegt der Nachteil. Sie erfahren auf dem AIS-Bildschirm nichts über Boote in Ihrer Nähe, die kein AIS haben. Und das sind eine Menge: Sportboote, gleich

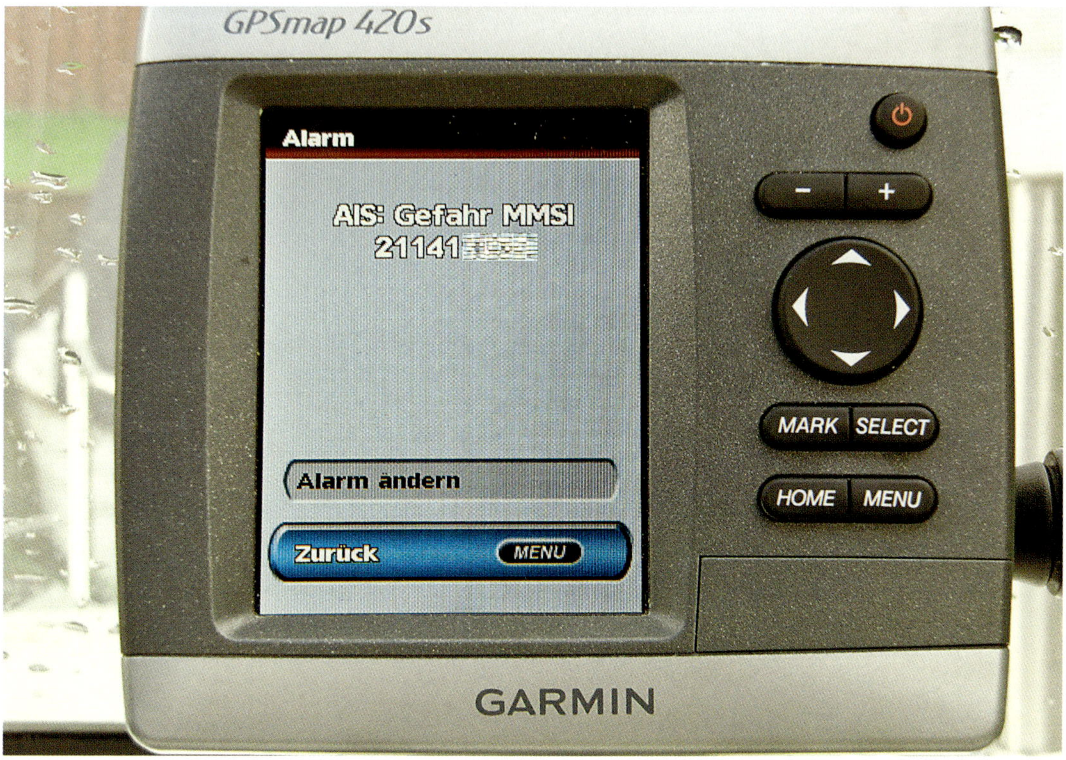

Annäherungswarnung durch das AIS – es kann aber noch viel mehr.

ob unter Segeln oder unter Motor, sind nicht ausrüstungspflichtig, auch Fischerboote sind es nicht. Sie können AIS haben, müssen es aber nicht.

Wenn Sie sich also nur auf das AIS verlassen, können Sie problemlos mit einem Boot zusammenstoßen, das eben kein AIS an Bord hat. Da das noch eine Zeit lang so bleiben wird, ist das System nur eine zusätzliche Informationsquelle. Sie müssen bei Ihren Fahrten weiterhin nach links und rechts und nach vorne und hinten schauen und prüfen, ob dort etwas auf Kollisionskurs liegt.

Zum AIS müssen Sie noch wissen, dass es die Seefahrer in eine Zweiklassengesellschaft unterteilt. Klasse A ist für ausrüstungspflichtige Schiffe, Klasse B für nicht ausrüstungspflichtige Schiffe. Der Unterschied? Klasse-A-Geräte haben Priorität vor Klasse-B-Geräten. Grob formuliert funktioniert das so: Ist, etwa wie im Ärmelkanal, eine ganze Armada von ausrüstungspflichtigen Schiffen unterwegs, und Sie sind mit Ihrem Sportboot mitten darunter, dann stimmen sich die A-Geräte untereinander ab, um ihre Daten auszutauschen. Klasse-B-Geräte kommen nur dann zum Zuge, wenn noch etwas Zeit zum Senden dazwischen ist.

In diesem Zusammenhang diskutieren Sportskipper gerne die Frage, ob Berufsschiffer die Signale der Klasse B einfach unterdrücken, weil sie ihnen lästig sind. Berufsschiffer weisen das zurück – schon technisch geht das nicht so ohne weiteres, weil es an den Geräten keinen Knopf dafür gibt, mit dem man das machen kann; unterdrücken ließe es sich nur, wenn man an der Software herum programmiert. Und daran haben Berufsschiffer kein Interesse, weil sie im Gegenteil jede Lageinformation brauchen können.

In Verbindung mit dem Internet kann das AIS-System noch mehr: Wenn Ihre Freunde und Verwandten zuhause Ihre MMSI-Nummer haben, dann können sie im Netz auf ein paar Meter genau feststellen, wo Ihr Boot sich befindet und welchen Kurs es gerade fährt. Ein paar Internetadressen finden Sie im Anhang dieses Buches. Das ist eine ausgezeichnete Hilfe für viele Fälle. In Notfällen sind Rettungsorganisationen nicht auf nervöse Funker und ihre unter Umständen fehlerhaften Positionsangaben angewiesen. Außerdem können die Retter gezielt Boote in der Nähe eines Havaristen ansprechen und um Hilfeleistung bitten. Reedereien können nach ein paar Mausklicks ihre Flotte überblicken, Charterunternehmen wissen, wo sich ihre Kunden herumtreiben.

Es kann aber auch ein Fluch sein. Etwa dann, wenn Sie sich mit der Bemerkung, eine Atlantiküberquerung durchzuführen von zuhause abgemeldet haben, während Ihr AIS dem Internet meldet, dass Ihr Boot schon seit einigen Wochen in Schleimünde am Steg der »Giftbude« dümpelt. Das ist eine nur per Boot erreichbare Kneipe, die in der Gegend berühmt-berüchtigt ist... Technisch ist eine fast totale Überwachung des Schiffsverkehrs möglich – zumindest, solange das AIS eingeschaltet ist.

Außerdem ist es wichtig zu wissen, dass Sportschiffer sich entscheiden können zwischen einem reinen AIS-Empfänger und einem System mit Sender.

Ein AIS-Empfänger ist ein kleines Gerät, für das man irgendwo einen Einbauplatz findet. (Foto mit freundlicher Genehmigung der Icom (Europe) GmbH)

AIS-Empfänger

Wie der Name sagt, können diese Geräte AIS-Daten nur empfangen. Andere Schiffe bekommen aber keine Informationen über Ihr Boot. Das ist schön für Sie, aber schlecht für alle anderen.

Es hat Konsequenzen für das Verhalten bei Kollisionsgefahr: Während Sie um die Gefahr eines Zusammenstoßes dank Ihres Empfängers eindeutig wissen, müssen Sie davon ausgehen, dass Ihr »Gegner« gar nicht weiß, dass es Sie gibt. Also sind Sie zuständig dafür, eine Kollision zu vermeiden.

Diese Empfangsgeräte sind billiger als die mit Sender; rechnen Sie für einen reinen Empfänger mit einem Preis von etwa 300 Euro am unteren Ende. (Stand: 2010) Achten Sie bei besonders günstigen Angeboten darauf, ob Antenne, Kabel und Bildschirm mit im Paket sind.

Sender/Transponder

Der Transponder macht Sie auch für andere Schiffe sichtbar, die mit AIS ausgerüstet sind. Er ist damit eine wesentliche Erweiterung des Systems. Im Einbau gibt es keinen Unterschied zu einem reinen Empfänger (Receiver), da Sie lediglich statt des einen schwarzen Kästchens ein anderes einbauen. Der Preis für einen Transponder ist allerdings höher.

AIS als Rettungsgerät

Wenn es die AIS-Technik einmal gibt, kann man sie auch für den Horrorfall »Mann über Bord« nutzen. Genau mit dieser Zielrichtung haben einige Firmen handliche AIS-Geräte mit Transponder entwickelt. Die Idee: Das Gerät ist an der Rettungsweste angebracht. Fällt man über Bord, aktiviert man es – das eingebaute GPS-Modul ermittelt die Position, und das Gerät gibt ein klar erkennbares Signal ab. Die Vorteile: Man muss nicht angestrengt nach dem kleinen Punkt Ausschau halten, den ein Mensch im Wasser nur darstellt. Andere Boote können sich an der Rettung beteiligen; umso besser, wenn sie selbst über AIS verfügen. Aber auch ohne diese Unterstützung kann man ihnen per Funk die Position des Verunglückten mitteilen.

Man muss sich vor Augen halten, dass ein Crewmitglied in der Regel überraschend von Bord fällt. Bis man die Situation realisiert hat und dann zu ersten Handlungen fähig ist, hat sich das Boot schon ein ordentliches Stück von der Unfallstelle entfernt.

Eine klare Position durch das AIS hilft, die Zeit, die der Verunglückte im Wasser verbringen muss, enorm zu verkürzen – und das erhöht wiederum bei Unterkühlungsgefahr dessen Chancen enorm. Und da das AIS-System ja gleich ganze Datenpakete verschicken kann, ist das Rettungssystem so ausgelegt, dass es eine Art Notfalltelegramm absendet. Dabei sendet es Klasse-A- und Klasse-B-Signale.

Bedenkt man weiter, dass ein großer Teil der Segelcrews aus zwei Leuten besteht – in der Regel ist es ein Paar –, dann kann man sich leicht vorstel-

Ein AIS-Rettungsgerät erhöht die Chancen gefunden zu werden, wenn man über Bord gefallen ist.

len, dass die Mindestanforderungen an einen erfolgreichen Rettungsversuch dort schon deshalb nicht zu erfüllen sind, weil der alleine an Bord gebliebene nicht nach dem über Bord gefallenen Ausschau halten und gleichzeitig das Boot manövrieren kann. Bei einem Segelboot kommen ja noch Segelmanöver dazu, die Aufmerksamkeit erfordern. Ganz zu schweigen von der Ablenkung dadurch, dass man Rettungsleinen oder sonstige Hilfsmittel bereitlegen muss.

Vor diesem Hintergrund bietet ein AIS-Retter Vorteile, die im Notfall den entscheidenden Unterschied zwischen Finden und Nichtfinden ausmachen. Gerade für kleine Crews also Grund genug, über die Anschaffung eines solchen Gerätes nachzudenken.

Drei Voraussetzungen müssen gegeben sein, damit die Rettung funktionieren kann: Das Gerät muss immer an der Rettungsweste angebracht sein, man muss die Rettungsweste auch anziehen, und der Verunglückte muss – einmal im Wasser – noch in der Lage sein, das Gerät zu betätigen, denn der Alarm wird manuell aktiviert.

Interessante Internetseiten zum Thema:

- *www.digital-seas.com*
- *www.marinetraffic.com*
- *www.vesseltracker.com*

Trackingseiten im Netz, um AIS-Positionen von Schiffen ermitteln zu können.

- *http://www.easyais.de/produktseite.php?prodid=35*

Anbieter des AIS-Rettungssystems.

Autopilot

Wer schon einmal mit klammen Fingern und bei Niesel- oder Dauerregen stundenlang am Steuer oder an der Pinne ausharren musste, weiß den wesentlichen Vorteil von Autopiloten vermutlich zu schätzen: Er steuert stur und ziemlich zuverlässig den Kurs, den er steuern soll, während man selbst im Salon oder zumindest unter der schützenden Sprayhood sitzen kann.

Pinnensteuerung

Wer ein Boot mit Pinnensteuerung hat, kann auf relativ einfache Weise einen elektronischen Steuermann einsetzen. Der Pinnenpilot verfügt über einen eingebauten Kompass; dem man mitteilt, welchen Kurs man fahren möchte. Das Gerät erledigt seine Aufgabe zuverlässig, in dem es die Stellung der Pinne so lange korrigiert, bis der gewünschte Kurs anliegt.

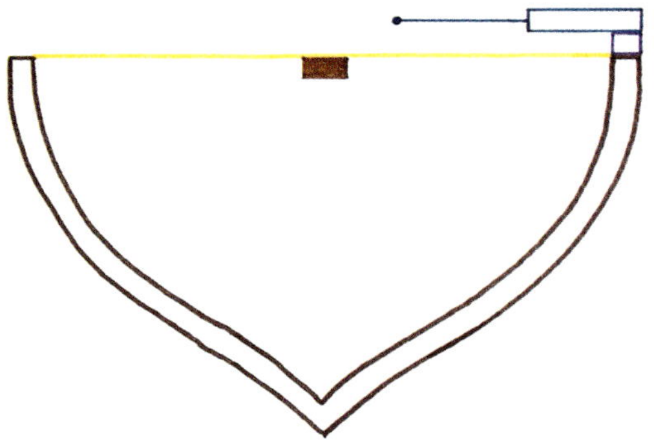

Pinnenpilot zu klein oder zu weit an steuerbord angebracht: Er ist komplett ausgefahren, kommt aber nicht mal in Nulllage.

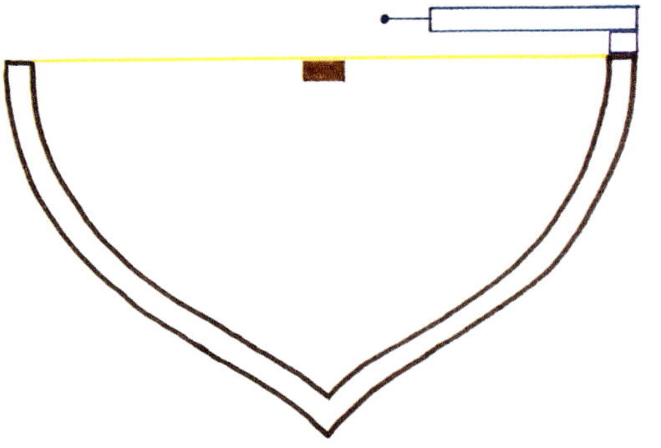

Pinnenpilot zu groß oder zu weit innenbords: Die Schubstange ist fast ganz eingefahren, der Pinnenausschlag nach steuerbord ist nicht ausreichend.

Einbau/Installation

Vor dem Einbau sollten Sie genau Maß nehmen. Dabei ist es wichtig, den Mindestabstand von der Drehachse des Ruders einzuhalten, damit die Hebelkräfte nicht zu groß werden. Die Angaben dazu liefert Ihnen der Hersteller mit.

Ebenso wichtig ist der Auszug der Schubstange in »Nulllage« –also wenn das Ruder mittschiffs gelegt ist. Wenn Sie hier die Herstellerangaben nicht beachten, kann es sein, dass Ihr Pinnenpilot die Stange nicht weit genug herausdrücken kann. Auch wenn die Stange in Nulllage zu weit eingezogen ist, kann sie nicht ordnungsgemäß arbeiten.

Um den Pinnenpiloten anzubauen, muss man ihn am Boot und an der Pinne befestigen; bordseitig wird das häufig am Süllrand oder an den Cockpitsitzen der Fall sein. Die Hersteller liefern zu ihren Pinnenpiloten passende Messinghülsen mit, die man ins GFK einsetzt. Hier kommt es darauf an, wie dick und wie massiv das Material ist. Ist die

Der Bolzen für die Pinne und sein Gegenstück an der Schubstange.

Die Messinghülse, die am Süllrand oder an der Sitzfläche eingesetzt wird.

Stärke ausreichend, können Sie die Hülse mit etwas Marinekleber in das vorgebohrte Loch einsetzen. Ist es unter dem GFK schnell hohl, dann verstärken Sie die Stelle für die Hülse mit einem Stück hartem Holz, das Sie von unten ankleben.

Pinnenseitig benötigen Sie ein Loch, in das ein Bolzen geklebt wird. Die Konstruktion ist einfach, und der Pinnenpilot im Bedarfsfall schnell ausgehakt, so dass Sie selbst das Steuer wieder übernehmen können.

Achten Sie beim Einbau darauf, dass die Schubstange des Pinnenpiloten und die Pinne ihres Bootes einen 90-Grad-Winkel bilden, damit das Gerät in beide Richtungen sauber arbeiten kann.

Da auch der Pinnenpilot nicht ohne Strom arbeitet, müssen Sie noch eine Verbindung zur Batterie herstellen.

Tipp:

Für die Pinnenpiloten gibt es noch Fernsteuerungen. Die sind dafür gedacht, dass man Korrekturen an der Einstellung vornehmen kann, während man im warmen Cockpit sitzt, oder zumindest geschützt unter der Sprayhood.
Es gibt Geräte auf dem Markt, die ein Wendemanöver beherrschen. Das bedeutet, dass der Wendewinkel einprogrammiert wird, und der Pinnenpilot dann die Kursänderung um die gewünschte Gradzahl vornimmt.

Radsteuerung

Wer ein Boot mit Steuerrad hat, steht vor einem größeren Aufwand, wenn er einen Autopiloten haben möchte.

Zwei Systeme sind gängig; das eine funktioniert mit einem Aufsatz, der in die Speichen des Steuerrades gesetzt wird. Dort greift dann ein Motor an, der die Steuerbefehle auf das Rad überträgt.

System Nummer zwei setzt direkt an der Rudermechanik an; hier wird ein zweiter Angriffspunkt für den Antrieb des Autopiloten angesetzt.

Einbau/Installation

Den Einbau der Steuerelektronik bezeichnen Eigner, die so ein Gerät installiert haben, als durchaus machbar für einen Skipper mit durchschnittlichen handwerklichen Fähigkeiten. Anders sieht das mit dem Antrieb aus; die Arbeit soll man besser Spezialisten überlassen. Auch die Hersteller empfehlen, den Einbau durch eine Fachfirma vornehmen zu lassen. Probleme sind unter anderem der richtige Angriffspunkt für den Antrieb und die genaue Einstellung der Ruderlage, damit der maximale Ruderausschlag auch zu beiden Seiten erreicht werden kann. Dazu kommt, dass die Steuermechanik einen vitalen Teil eines funktionierenden Bootes darstellt. Einen Ausfall kann man unterwegs so gut wie gar nicht kompensieren. Deswegen halte ich mich an diese Empfehlungen und rate Ihnen davon ab, den Autopiloten für ein Schiff mit Steuerrad selbst einzubauen – außer, Sie wissen ganz genau, was Sie da tun.

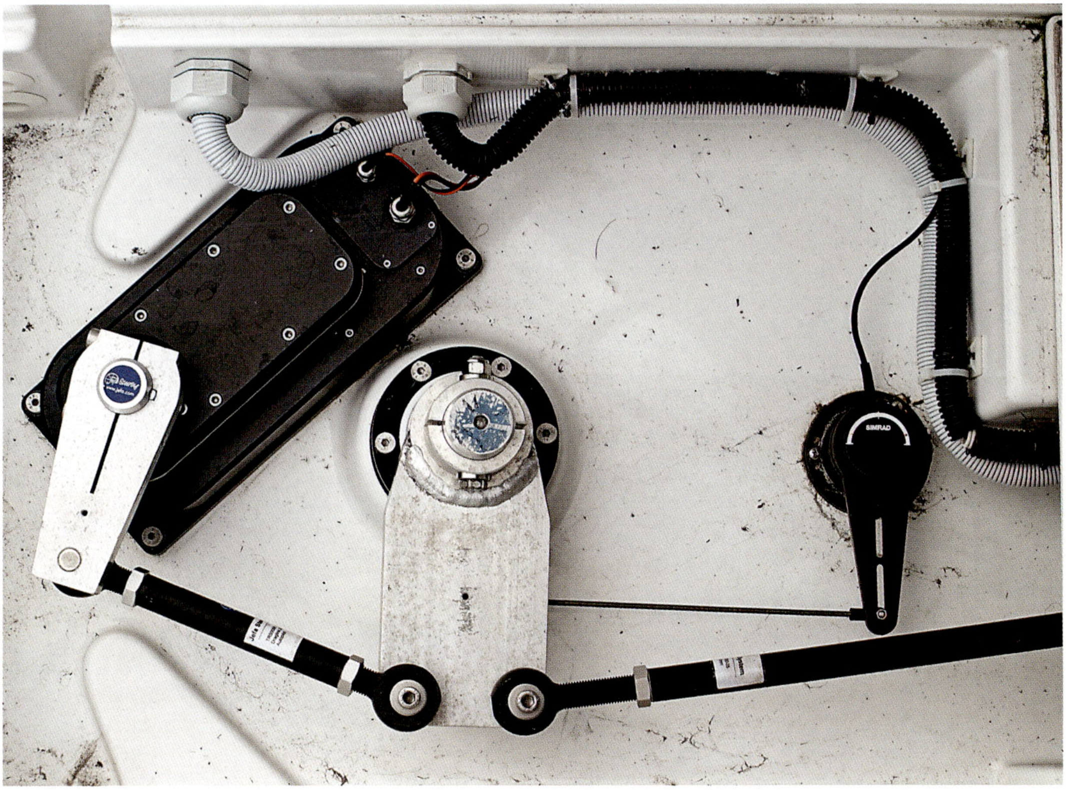

Autopilot für ein Steuerrad: Rechts unten ist die Schubstange für das Steuerrad im Handbetrieb. Der schwarze Kasten links ist der Antrieb des Autopiloten, dessen Schubstange von der anderen Seite auf das Ruder zugreift. Die kleine dünne Stange rechts im Bild ist der Ruderlagengeber: Er meldet dem System zurück, in welcher Stellung das Ruder überhaupt steht. Auch sehr schön zu erkennen: Wie die Kabel durch eine Muffe ins Bootsinnere geführt werden.

Echolot/Fishfinder

Wenn Sie ein handelsübliches Echolot an Bord haben, dann besitzen Sie ein Gerät, dass Ihnen die Wassertiefe anzeigen kann. Dazu nutzt es Ultraschallwellen, die vom Bootsboden ausgesandt und vom Grund reflektiert werden. Da bekannt ist, mit welcher Geschwindigkeit sich Ultraschallwellen im Wasser ausbreiten, ist es für einen kleinen Rechenchip eine leicht lösbare Aufgabe, aus der Laufzeit des Echos die Tiefe zu errechnen.

Ihre Einrichtung für das Echolot besteht aus einem Geber, der am Bootsboden befestigt wird. Dazu kommt ein Anzeigegerät, das Ihnen die ermittelten Werte im Cockpit anzeigt.

Ein Fishfinder ist im Grunde das gleiche Gerät; es soll Anglern helfen, Fischgründe auszumachen. Dabei nutzen die Hersteller die Tatsache, dass ein Fisch weicher ist als der harte Untergrund, aber härter als das Wasser um ihn herum. Die Tiefe zeigt ein Fishfinder ebenso gut an.

Die Anzeigen von Echolot oder Fishfinder stimmen meist, können aber auch ungenau sein – etwa wenn der Boden schlammig oder verkrautet ist.

An Kabeln haben Sie die Verbindung zwischen Geber und Anzeigegerät, die Stromversorgung zum Anzeigegerät und meist noch ein kleines Klingeldrähtchen, das einen Beeper mit Strom versorgt. Der Beeper gibt ein akustisches Signal, wenn Sie vorher einen Alarmwert am Anzeigegerät eingestellt haben. Er hat ungefähr die Größe eines Knopfes und ist entsprechend leicht eingebaut.

Einbau/Installation

Der Geber sollte nicht zu weit an der Backbord- oder Steuerbordseite angebracht werden, sondern in der Nähe der Mittschiffslinie. Das liegt an den Wasserverwirbelungen entlang des Bootskörpers, die das Gerät irritieren und zu falschen Anzeigen führen können, und an der Krängung. Haben Sie Ihren Geber weit links oder rechts positioniert, hat er irgendwann bei Krängung keinen Wasserkontakt mehr und kann nur Unsinn anzeigen.

Vielleicht denken Sie, dass es sinnvoll ist, den Geber möglichst weit im Vorschiff einzubauen, damit Sie bei Flachwasseralarm genügend Zeit zur Kursänderung haben. Das ist aber nicht der Fall. Die paar Meter, die zwischen Vorschiff und Kiel liegen, legen Sie bei normaler Fahrgeschwindigkeit so schnell zurück, dass der Flachwasseralarm und der Bums beim Auftreffen auf ein Unterwasserhindernis zeitlich nahezu zusammenfallen. Das Echolot ist ein Gerät, das beim vorausschauenden Fahren hilft und nicht erst dann, wenn Sie die Markierung für den Nichtschwimmerbereich eines Badestrandes überfahren haben. Und es ist für die Positions-

Echolotanzeigegerät und Geber mit Kabel.

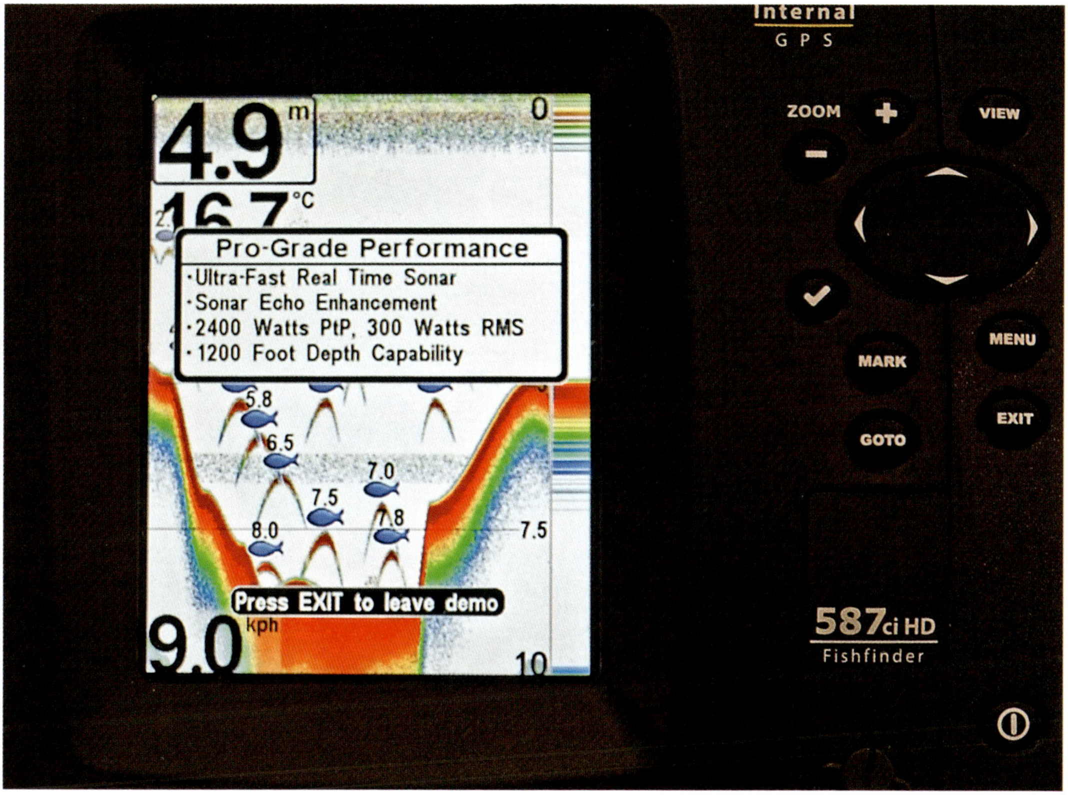

Letztlich auch ein Echolot – aber die Bilder auf einem Fishfinder sind hübscher.

bestimmung mit zu gebrauchen, weil Sie die Tiefenlinien auf der Karte mit Ihrem vermuteten Standort abgleichen können.

Die weitaus meisten Schiffer fahren GFK-Boote. Das erleichtert den Einbau erheblich: Ist der Bootsboden aus massivem GFK, brauchen Sie nicht einmal ein Loch für den Geber, weil die Ultraschallwellen das GFK durchdringen.

Stattdessen benötigen Sie einen Einbausatz, der einem Kunststoffrohr ähnelt. Der kostet um die 20 Euro. Der Einbausatz wird erst mit einer Säge und dann mit der Feile so bearbeitet, dass er lotrecht von innen auf den Bootsboden aufgesetzt werden kann. Hier hilft der Einsatz einer Wasserwaage dabei, dass Sie es wirklich lotrecht einbauen können. Die nötige Verbindung auf dem vorher entfetteten Untergrund erreichen Sie mit Dichtungsmasse oder mit Polyesterspachtel. Das Rohr wird mit einer im Zubehör erhältlichen Spezialflüssigkeit gefüllt, und dann können Sie Ihren Geber einsetzen. Mancher verzichtet auf die Spezialflüssigkeit und füllt Waffen- oder sogar Salatöl ein. Der Zweck ist in allen Fällen der gleiche: Der Geber braucht Flüssigkeitskontakt. Ich würde mich gegen Salatöl entscheiden, weil das flocken kann. Ebenso vorsichtig wäre ich mit Silikonöl, da einige Eigner berichtet haben, dass sich ihre Dichtung durch das Öl aufgelöst hat.

Anstelle des Einbausatzes können Sie auch ein Stück Abwasserrohr aus dem Baumarkt mit passendem Durchmesser verwenden.

Achten Sie beim Einbau darauf, erst das Rohr anzubringen, und dann mit dem Öl zu hantieren. Das Einbauprinzip sehen Sie auf dem Bild auf der folgenden Seite.

Etwas aufwendiger ist die Angelegenheit, wenn Sie um einen Rumpfdurchbruch nicht herumkommen. Hier ist es wieder wichtig darauf zu achten, dass der Durchbruch mit der Lochsäge lotrecht erfolgt. Sie erleichtern sich die Arbeit sehr, wenn Sie beim Kauf Ihres Echolotes einen dazu passenden Dichtsatz für einen Durchbruch mit erwerben.

Der Geber für das Echolot sollte möglichst in der Nähe der Mittschiffslinie angebracht werden.

Das Kabel des Gebers ist normalerweise lang genug, um zum Anzeigegerät zu kommen. Bleibt etwas über, wickeln Sie es auf und verstauen Sie es dort, wo es nicht stört – das Signal wird dadurch nicht beeinträchtigt. Das Kürzen sollten Sie dagegen unterlassen, denn es ist unnötige Arbeit, das abgeschnittene Ende wieder mit dem Stecker zusammen zu bringen.

Das Anzeigegerät lässt sich entweder mit einem Sockel auf dem Navitisch anschrauben, oder aber zum Beispiel in die Schottwand einbauen. Beim Einbau in die Schottwand kommt die Stichsäge zum Einsatz. Die Hersteller liefern meist einen Dichtungsring für das Anzeigegerät mit. Es schadet nicht, wenn Sie es zusätzlich noch an den Rändern mit einer »Sika-Raupe« abdichten. Die Stromversorgung klemmen Sie an die Schalttafel an.

Ist Ihr Echolot betriebsbereit, müssen Sie es noch an die Gegebenheiten Ihres Bootes anpassen: Da der Geber am Unterwasserschiff sitzt, Sie aber zum Beispiel noch einen Meter Kiel unter sich haben, ist es sinnvoll, den Wasserstand »Null« danach auszurichten. Jedes Echolot moderner Bauart hat eine entsprechende Funktion im Menü, um es so kalibrieren zu können.

Tipp:

Es gibt diese Geräte auch als Kombinationen von Echolot und Speedometer. Dabei sind die Geber für das Echolotsignal und für die Geschwindigkeit in einem Bauteil mit Abdichtungssatz verbaut, so dass auch nur ein Rumpfdurchbruch nötig ist.

EPIRB-Boje

Eine EPIRB-Boje ist eine Notfunkbake. Einmal ausgelöst, schickt sie ein Notrufsignal ab. Dafür vorgesehene Satelliten fangen es auf und senden es an eine Bodenstation. Von dort geht das Signal seinen weiteren Weg zu einer Rettungsleitstelle. In Deutschland wäre das etwa die Rettungsleitstelle Bremen.

Die Boje wird nicht in Ihre Bordelektronik integriert. Sie arbeitet als Einzellösung unabhängig von dem vorhandenen oder nicht vorhandenen Drumherum. Das System funktioniert weltweit. Der Empfänger bekommt Informationen über Ihre Position, Ihren letzten Kurs und Ihre Identität, da jede EPIRB-Boje einwandfrei zu identifizieren ist.

Die EPIRB-Boje kann manuell ausgelöst werden oder aber automatisch durch Wasserkontakt. Es gibt aber auch Geräte, die nur manuell auszulösen sind.

Sollte Ihr Schiff sinken bedeutet das für Sie: Nach einer Wartezeit, die zwischen zwei und acht Minuten dauert, fängt die Boje an zu senden. Die Wartezeit ist dafür da, einen eventuellen Fehlalarm zu annullieren; es kann nämlich ausgesprochen teuer werden, eine weltweit koordinierte Rettungsaktion zu bezahlen, die nur aus Versehen losgeschickt worden ist – zwei Flugstunden eines Rettungshubschraubers kosten mehr als ein normaler Urlaubstörn.

Ein Piepton macht Sie darauf aufmerksam, dass das EPIRB aktiviert worden ist. Hören Sie diesen

Ton, haben Sie noch rund zwei Minuten Zeit, die Boje wieder zu »entschärfen«.

Da das Gerät weitgehend vollautomatisch arbeitet, müssen Sie nichts weiter tun als es zu kaufen, es registrieren und programmieren zu lassen und an Bord dort zu montieren, wo Sie es hin haben möchten. Die Dinger sind höchstens 30 cm hoch und haben damit einbaufreundliche Maße.

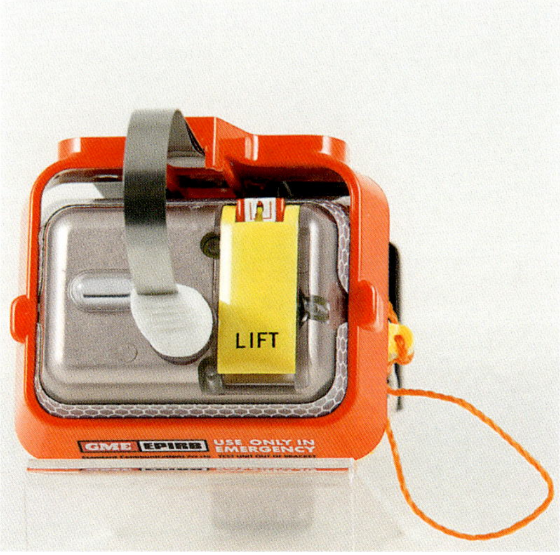

Die Aktivierung ist denkbar einfach.

Den Schutzdeckel anheben und dann die Entscheidung zwischen »Test« und »on« treffen.

Allerdings kann man beim Kauf ein paar entscheidende Fehler machen. Es gibt (billigere) EPIRBs, die ihr Notrufsignal ausschließlich auf der Frequenz 121,5 MHz funken. Das ist sehr praktisch, wenn Sie auf Ihren Törns grundsätzlich ein Begleitflugzeug mit sich führen, denn diese Frequenz ist die Notfrequenz in der Luftfahrt. Ansonsten hilft das Signal wenig, zumal es störanfällig und seine Reichweite begrenzt ist.

Was Sie brauchen ist eine Boje, die den Notruf auf jeden Fall auf der Frequenz 406 MHz aussendet, denn dann wird er auf jeden Fall von einem der polumlaufenden Satelliten empfangen. Es dauert maximal vier Stunden, bis der Satellit das Notsignal empfangen hat. Der Satellit kann die Position der Boje auf etwa eine bis drei Meilen genau bestimmen. Noch genauer wird die Position, wenn Ihr EPIRB über ein eingebautes GPS verfügt und diese Daten dann mit verschickt. Andere EPIRBs sehen noch vor, dass es ein GPS-Signal von außen (also von Ihrer Navigationseinrichtung) einspeisen kann.

Diese Bojen senden dann **zusätzlich** ein Signal auf der Frequenz 121,5 – das ist dann dafür da, dass die bereits alarmierten Rettungsboote oder -flugzeuge Sie anpeilen können.

Diese Geräte sind in die Kategorien I und II unterteilt. I bedeutet, dass der Alarm manuell oder automatisch ausgelöst wird, Kategorie II lässt nur den manuellen Alarm zu.

Gebräuchliche Bojen dieser Art senden Ihr Signal mindestens 24 Stunden, häufig auch garantiert 48 Stunden lang.

Früher – das heißt in diesem Fall: vor dem Jahr 2006 – gab es noch EPIRBs des Inmarsat-E-Dienstes, die auf der Frequenz 1,6 GHz gesendet haben. Die Geräte sollten Sie gar nicht erst kaufen, und wenn Sie eines an Bord haben, dann ausmustern. Der Inmarsat-E-Dienst existiert nicht mehr.

Der Vollständigkeit halber sei noch eine EPIRB-Boje erwähnt, die über den digitalen UKW-Notrufkanal arbeitet. Das funktioniert auch, aber nur in Küstennähe und wird begrenzt durch die UKW-Reichweite von ca. 30 sm. Die Geräte machen nichts anderes als eine Notmeldung per DSC auf Kanal 70 abzugeben. Das kann Ihr modernes Funkgerät allerdings auch – ein Zusatznutzen ergibt sich also nur, wenn Ihr Funkgerät bei einem Seenotfall in Küstennähe unbrauchbar geworden ist.

Einbau/Installation

Der Einbau ist mit zwei oder vier Schrauben erledigt, mit denen Sie die Halterung an der Kajütwand befestigen.

Vorab müssen Sie die Boje aber registrieren und programmieren lassen. Das Programmieren übernimmt in den meisten Fällen der Händler für Sie. Die Registrierung erfolgt per Antrag an die Bundesnetzagentur.

Interessante Internetseiten zum Thema:

http://www.bilderlink.de/pic/pdf/200617_netzagentur_anmeldung.pdf
Hier können Sie ein PDF-Formular herunterladen, um Ihre EPIRB-Boje bei der Bundesnetzagentur anzumelden.
http://www.epirb.de/deutsch/epirb2.htm
Informationen zum EPIRB von der Firma Navtec.
Tel.: 44-207-7281616
Rufnummer von Inmarsat, um einen Fehlalarm zu melden.

GPS-Gerät

Ein Hand-GPS. Die Geräte können immer das, was sie können sollen: eine Position darstellen.

GPS-Geräte nutzen Satellitentechnik, um Ihre Position zu ermitteln. GPS steht für »Global Positioning System« und ist von Haus eine Entwicklung des US-Militärs. Mittlerweile ist GPS vielen Autofahrern vertraut, weil sie so einen Kasten ins Armaturenbrett eingebaut oder per Saugnapf an der Windschutzscheibe befestigt haben.

Kurz zur Funktion: Mindestens 24 Satelliten kreisen in Bahnen um die Erde – meist aber mehr. Die Bahnen sind so ausgelegt, dass man praktisch an jedem Ort der Erde mehrere Satelliten empfangen kann. Für eine Positionsbestimmung benötigt das GPS-Gerät Kontakt zu vier Satelliten. Die Informationsübertragung ist eine Einbahnstraße: Das GPS-Gerät sendet keinerlei Information aus. Es bekommt nur Daten von den Satelliten, aus denen es seinen Standort berechnet. Da das laufend passiert, bekommt das GPS-Gerät außerdem Informationen über die Veränderung der Position, aus denen es Kurs und Geschwindigkeit berechnen kann.

Ältere Geräte teilen Ihnen praktisch nur die Position in Längen- und Breitengraden mit. Stand der Technik ist aber, dass eine Karte unterlegt wird: So sehen Sie, wo Sie sind.

Aus diesen Basisangaben kann ein GPS-Gerät praktisch alles berechnen, was Sie an Bord sonst noch an Informationen benötigen: Die Entfernung zu einem Ziel, das Sie durch Eingabe von Wegepunkten eingegeben haben, die Abweichung vom Sollkurs und die Zeit, die Sie voraussichtlich brauchen werden, um am Ziel anzukommen.

Von all dem bekommen Sie kaum etwas mit: Ihr Gerät teilt Ihnen zwar mit, ob es Empfang hat, und wenn ja, wie viele Satelliten es sehen kann – aber der Rest passiert im Inneren. Vor allem bei älteren Geräten müssen Sie unter Umständen eine wichtige Einstellung vornehmen – und das ist das Bezugssystem. Meist ist es auf »WGS 84« eingestellt – und so sollte es auch sein. Es handelt sich bei WGS 84 um ein Modell von der Form der Erde. Die ist längst nicht so schön rund, wie das auf idealisierten Zeichnungen zu sehen ist, sondern ähnelt eher einer verbeulten Apfelsine. Damit Wirklichkeit (verbeulte Apfelsine) und Modell (Kugel) bei der Berechnung nicht zu Ungenauigkeiten führen, gibt es die Bezugssysteme. WGS 84 ist das derzeit weltweit gebräuchliche. Die Genauigkeit von GPS liegt in dieser Form bei rund 8 m Abweichung in 95% aller gemessenen Fälle. Das ist beeindruckend, wiegt aber in falsche Sicherheit, denn die 5% Fehlanzeigen können durchaus alle hintereinander innerhalb eines Zeitfensters auftreten. Es ist also möglich, ein oder zwei Stunden lang völlig falsche Positionen angezeigt zu bekommen ohne dass Sie den Eindruck haben, dass mit Ihrem GPS etwas nicht stimmt. Dennoch: In der Praxis ist Ihr GPS für die Navigation auf See mehr als ausreichend, lässt sich aber noch verbessern – und zwar durch DGPS (Differential GPS). Dabei nutzt man Sender, die auf dem Erdboden montiert sind und als solche eine fest definierte Position haben. Geräte, die DGPS können, nutzen die Signale der Bodenstationen, um Ungenauigkeiten auszumerzen. Auf diese Weise bekommen Sie an Bord eine Positionsgenauigkeit, die mindestens fünf Meter beträgt, wenn nicht sogar besser ist. Damit können Sie theoretisch sogar im Blindflug in eine Anlegebox manövrieren.

GPS-Geräte bekommen Sie als praktische kleine Handgeräte ab einem Preis von ca. 130 Euro und auch wasserdicht, und Sie bekommen sie als Einbaugeräte mit einem größeren Display und weiteren Anschlussmöglichkeiten für andere Bordgeräte.

Handgeräte haben vor allem einen Vorteil, wenn Sie viel chartern oder aus anderen Gründen häufig die Boote wechseln. Denn Ihr eigenes Handgerät kennen Sie, und Sie haben sich mit der teilweise etwas verwirrenden Menüstruktur vertraut gemacht. Somit haben Sie eine sichere Möglichkeit der Positionsbestimmung in der Tasche oder in der Koje, während Sie sich mit dem fest eingebauten Gerät auf einem fremden Boot noch beschäftigen müssen.

Ein Kaufkriterium wäre für mich noch die Akkuform: Gibt es den Akku nur als Spezialteil, oder ist es möglich, handelsübliche Standardakkus einzusetzen?

Einbau/Installation

Ein Hand-GPS brauchen Sie nicht weiter einzubauen. Sie kaufen es, laden die Akkus oder versorgen es mit Batterien oder stöpseln es in eine 12V-Steckdose – und es funktioniert.

Ein- oder Aufbaugeräte benötigen die Befestigung am Navitisch. Das kann mit einem Bügel geschehen oder mit einem Standfuß; beide werden in der Naviecke angeschraubt. Die grundsätzliche Verkabelung besteht aus Stromanschluss, eventuell einer externen Antenne sowie aus – je nach Ihrem Bedarf – weiteren Anschlüssen für Geräte wie Funk, PC etc.

Kartenplotter

Die grundsätzliche Aufgabe von Plottern besteht darin, die durch das GPS errechnete Position mit einer Karte zu verbinden – und zwar auf ein paar Meter genau. Das beherrschen alle Geräte, die angeboten werden.

Mittlerweile können sie aber auch weit mehr – nämlich im Extremfall alles auf einer Karte darstellen, was für Skipper so interessant ist. Das sind zum Beispiel:
Radarbilder, AIS, Echolot, Logge, unter Umständen kann man sogar noch ein DVD-Gerät anschließen.

Ein Bildschirm und ein halbes Dutzend Funktionen; vom Wind über die Position auf der Karte bis zum übergelegten Radarbild ... Kartenplotter können das zentrale Anzeigegerät an Bord sein.

An viele Geräte lässt sich ein Autopilot anschließen – mit dem Ergebnis, dass Ihre Aufgaben auf dem Boot sich mit dem Programmieren der Route erschöpft haben. Alles andere erledigt ihr elektronischer Helfer. Auch Ihr elektronisches Windmessgerät und das Navtex-Gerät für Wetterinformationen finden bei dem ein oder anderen Plotter Anschluss.

Mit den vielfältigen Möglichkeiten, andere Geräte anzuschließen erweitert sich der Plotter zu einer zentralen Multifunktionsanzeige – man muss nur noch durchblicken, was man gerade auf dem Bildschirm hat. Und man muss vor dem Kauf eine Idee haben, was man eigentlich braucht, denn die Vielfältigkeit der möglichen Verbindungen schlägt sich natürlich auch auf den Preis nieder.

Die Geräte haben einen GPS-Chip eingebaut, manche bieten zusätzlich noch die Möglichkeit, eine externe GPS-Antenne anzuschließen. Das macht man dann, wenn man der Empfangsqualität unter Deck nicht über den Weg traut. Im Großen und Ganzen kann man davon ausgehen, dass die internen GPS-Geräte ihre Aufgabe sehr ordentlich machen und Empfangsprobleme nicht zu befürchten sind. Dessen sollte man sich aber vergewissern – und entsprechend entscheiden, ob man ein zusätzliches Kabel plus zusätzlicher Antenne einbauen will, um ein externes GPS-Signal zu bekommen.

Kaufkriterien für einen Plotter:

- Die Größe des Bildschirms.
- Wie gut leuchten die Bedienung und die Menüführung ein?
- Hat er Anschluss für ein externes GPS und weitere Geräte, die ich nutzen will?
- Bietet er Features wie einen Ankeralarm, Alarm bei Kursabweichung?
- Wie viele Anschlussmöglichkeiten hat er? – Zwei NMEA-Anschlüsse sollten es schon sein.
- Ist es ein Einbau- oder ein Aufbaugerät, das mit einem Bügel oder Standfuß einfach auf die Konsole geschraubt wird?
- Ist das Gerät bei Tageslicht gut ablesbar?
- Bietet es einen verdunkelten Nachtmodus?
- Wie groß ist die Darstellung von Schrift und Zeichen oder Piktogrammen – reicht sie auch aus, wenn man schon die erste Lesebrille sein eigen nennt?
- Hat er einen Touchscreen oder nicht? Manche mögen das, andere schätzen es gar nicht, den Bildschirm mit Sonnencremefingern verschmieren zu müssen, um das Gerät zu bedienen. Die Frage ist auch, wie gut sich ein Touchscreen etwa mit Handschuhen bedienen lässt.

Ein Plotter in der Luxusversion ...

Hat man eine Route geplant, zeigen die Geräte den Kurs in Form einer virtuellen Autobahn. Andere beherrschen sogar eine 3-D-Darstellung – das ist besonders hübsch, wenn man sich einem Hafen nähert. Die ein oder andere Kartensoftware bietet als zusätzlichen Service an, Hafenansichten in Form von Satellitenaufnahmen oder Fotos einzublenden. Ob man das braucht, ist eine andere Frage.

… und seine vielfältigen Anschlussmöglichkeiten.

Weitere Tipps zur Entscheidung für oder gegen ein Gerät:

- Welcher Art sind die Schnittstellen? (NMEA 2000, NMEA 0183 oder Ethernet; die Geräte, die Sie an den Plotter anschließen wollen, müssen die »Sprache« des Plotters beherrschen.) Praktisch ist es, wenn Plotter gleich mehrere Schnittstellenarten anbieten.
- Welche Kartenchips benötigt das Gerät? Sie legen sich mit dem Kauf des Gerätes praktisch auf ein Kartensystem wie etwa C-Map Navionics oder Blue Chart fest.
- Wie funktioniert die Aktualisierung des Kartenmaterials, und welche Kosten fallen dabei jeweils an?
- Wie gut ist die Kartenabdeckung für das Revier, das ich befahre?
- Je mehr Geräte Sie zusätzlich anschließen wollen, desto größer sollte der Bildschirm sein, damit Sie die Darstellung der einzelnen Daten auch erkennen können. Kleine Bildschirme haben eine Diagonale von 4 Zoll, große können bis zu 7 Zoll haben.
- Welche Einbautiefe hat das Gerät, falls Sie es in eine Gerätewand integrieren wollen?
- Je mehr elektronische Ratgeber man auf seinem Boot installiert, desto mehr sollte man auf den Stromverbrauch achten. Die Geräte verbrauchen im günstigen Fall 0,1 Ampere und im ungünstigen Fall mit größter Leuchtintensität bis zu 0,65 A. Das betrifft aber nur die Plotter – jedes weitere Peripheriegerät muss in der Verbrauchsrechnung berücksichtigt werden.

Einbau/Installation

Das hängt natürlich entscheidend davon ab, wie viel elektronische Umgebung Sie an das Gerät hängen wollen. Im einfachsten Fall nehmen Sie den Plotter mit einem internen GPS, schließen ihn an den Strom an – und das System funktioniert. Handwerkliche Arbeiten erschöpfen sich darin, das Gerät an Ihrem Navigationsplatz festzuschrauben. Die angebotenen Lösungen sehen entweder einen Bügel oder einen dreh- und kippbaren Standfuß vor.

Wollen Sie das Gerät in eine Wand einbauen, achten Sie vorher darauf, dass der Schacht für den Kartenchip auch nach dem Einbau noch gut zu erreichen ist, denn die Chips müssen aktualisiert werden – und das bedeutet, sie auszutauschen. Beim Einbau ist immer noch zu beachten, dass nicht nur das Gerät seine Einbautiefe hat, sondern auch die dafür vorgesehenen Stecker ihren Platz brauchen.

Die Sache wird etwas aufwendiger, wenn Sie entsprechend den Möglichkeiten mancher Geräte auch viele Anschlüsse setzen wollen; hier geht es im Wesentlichen darum, Kabelwege sauber zu planen und das Gewirr in überschaubaren Grenzen zu halten. Um Strippen zu ordnen empfehlen sich Kabelbinder, die aus der Vielzahl an Einzelkabeln einen Kabelbaum machen.

Der Einbau stellt insgesamt keine großen Herausforderungen dar – die eigentliche Arbeit vor einem sicheren Betrieb liegt woanders. Das Stichwort lautet »RTFM« – das ist Computerjargon für den Stoßseufzer geplagter Servicemitarbeiter und bedeutet ausgeschrieben: »Read the f...ing manual« – »Lesen Sie das verdammte Handbuch«.

Kosten: Einen Kartenplotter kann man zwischen 400 und 1000 Euro bekommen – teurer geht natürlich auch. Kartenchips kosten ab 180 Euro. Durch die Aktualisierung können weitere Kosten entstehen.

Interessante Internetseiten zum Thema:

http://www.garmin.de
http://www.geonav.it/german
http://www.navico.com
http://www.plastimo.com
Anbieter von Kartenplottern.

Logge

Die Logge zeigt die Geschwindigkeit an. Es guckt ein kleines Schaufelrädchen aus der Logge heraus, das bei Fahrt im Boot von dem vorbeiströmenden Wasser gedreht wird. Diese Drehung wird per Kabel auf das Anzeigegerät übertragen.

Wenn Sie noch keine Logge und kein Echolot im Boot haben, lohnt sich die Überlegung, gleich ein kombiniertes Gerät zu kaufen, das neben der Logge auch das Echolot integriert hat.

Anzeigegerät für die Kombination von Logge und Echolot: Alle Kabel sind farblich eindeutig gekennzeichnet.

Der wesentliche Vorteil: Sie haben nur einen Rumpfdurchbruch.

Unten am Bootsrumpf ist die Logge – ebenso wie das Echolot – am besten in der Nähe der Mittschiffslinie untergebracht. Wäre sie außerhalb dieser Linie, würde die Logge bei Krängung aus dem Wasser ragen und könnte keine brauchbaren Werte abgeben.

Logge von unten am Unterwasserschiff.

Einbau/Installation

Legen Sie die Position der Logge fest und machen Sie einen Rumpfdurchbruch – möglichst dort, wo keine Verstärkungen in den Rumpf eingearbeitet sind.

Die Arbeit mit einer Lochsäge ist einfach erledigt. Die Größe des Lochs ergibt sich aus dem Durchmesser des Gebers – den Sie tunlichst kaufen, bevor Sie Löcher ins Schiff bohren. Es geht vor allem darum, das Loch genau lotrecht zu setzen. Die Ränder werden nachgeschliffen. Die erhältlichen Einbausätze dichten das Loch fast von alleine ab. Zur Beruhigung des Gewissens kann man aber von innen und außen eine Dichtnaht mit Marinedichtmasse ziehen.

Beim Einsetzen des Gebers achten Sie auf die Laufrichtung – ein kleiner Pfeil innenbords gibt Ihnen den nötigen Hinweis. Innen verlegen Sie die Kabel zum Anzeigegerät; Sie können sie problemlos kürzen.

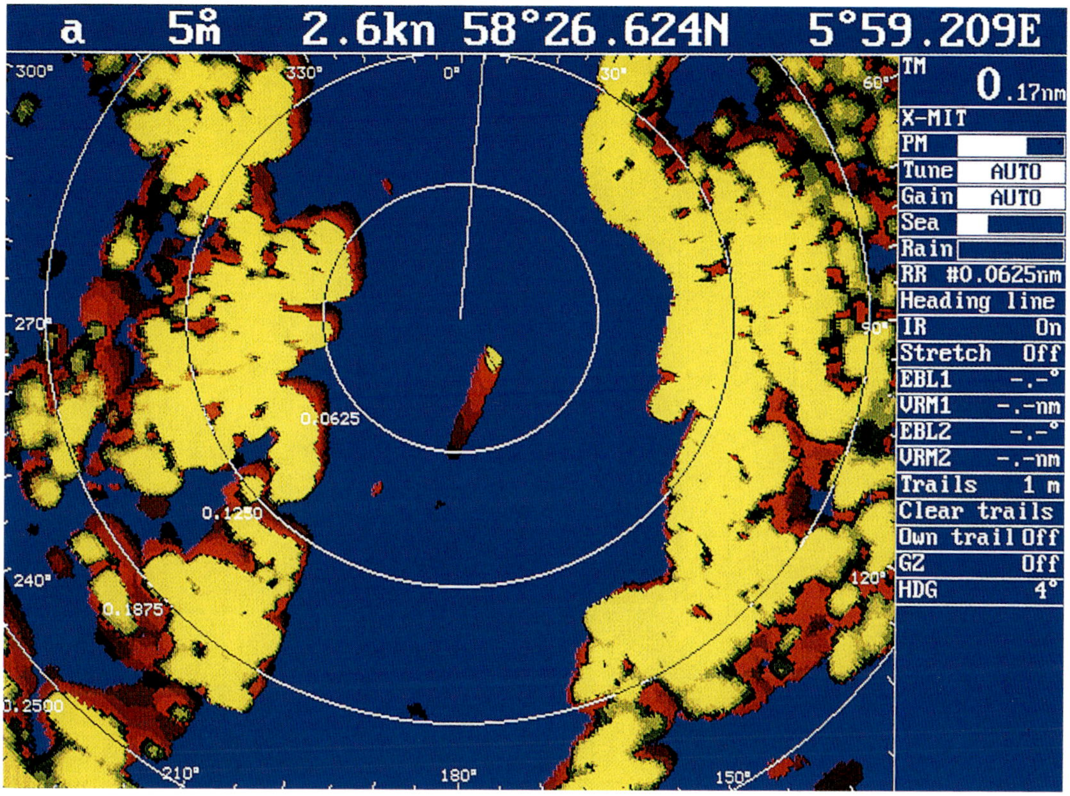

(Bild mit freundlicher Genehmigung der Fa. Navico, Schleswig)

Radar

Ein mit Radar ausgerüstetes Boot erkennt man außen gut: Es hat entweder eine wetterfeste Kuppel (Radardom) für die Antenne, oder aber einen ebenso wetterfesten drehbaren Balken.

Von der Antenne aus werden elektromagnetische Wellen ausgesendet. Treffen diese etwa auf ein Schiff, dann reflektiert das die Wellen. Das Radargerät empfängt dieses Echo, wertet es aus und stellt es auf einem Bildschirm dar. Damit ist der Nutzen des Radar eingekreist: Es handelt sich um eine Navigationshilfe, die besonders bei unsichtigem Wetter wertvolle Hilfe leisten kann. Mit Hilfe von Verstärkern und Filtern werden die eingehenden Signale bearbeitet. Leistungsfähige Elektronik hilft bei der Aufbereitung des Signals. Wer ein Radarbild lesen kann, kann ihm zum Beispiel folgende Informationen entnehmen:

- Man kann Landmasse erkennen.
- Man kann Seezeichen erkennen.
- Man kann andere Schiffe erkennen.
- Man kann erkennen, ob eine Regenfront heranzieht.

Gute Radargeräte können mit den empfangenen Signalen noch einiges mehr anfangen. Sie besitzen eine ARPA genannte Funktion (Automatic Radar Plotting Aid): So können Sie ein Echo anklicken, um es zu markieren. Dabei erhalten Sie eine Peilung, den Kurs und die Geschwindigkeit des Echos. Außerdem kann ARPA dieses markierte Echo mit einer »Schleppe« versehen. Das hilft Ihnen bei der Beurteilung der Frage, ob Ihr Objekt einen klaren Kurs fährt, oder ob es herumeiert. Günstige oder teure Geräte unterscheiden sich – unter anderem – auch dadurch voneinander, dass sie unterschiedlich viele dieser markierten Objekte gleichzeitig verwalten können.

Allerdings können Sie ein Radarbild nicht so ohne weiteres interpretieren. So werfen etwa auch Wellen ein Echo und erscheinen auf dem Bild-

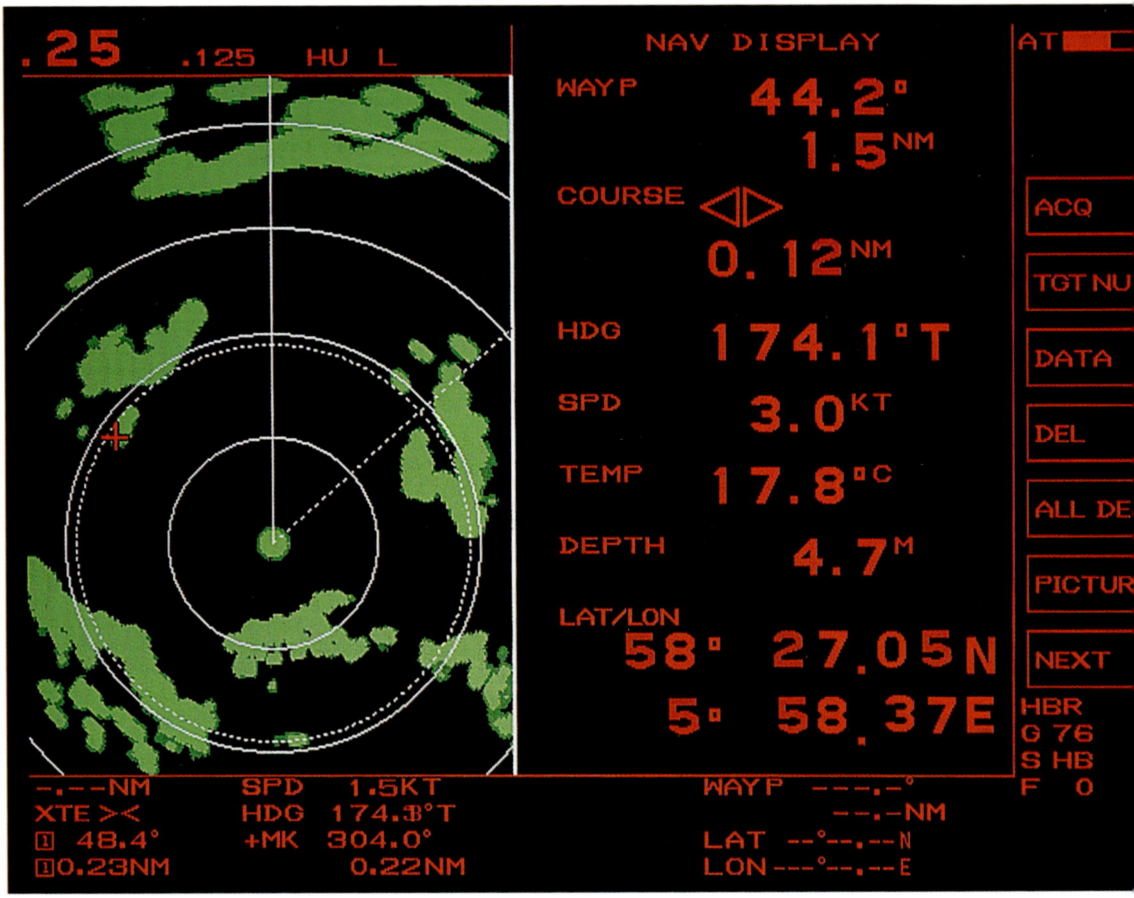

Ein typisches Radarbild will interpretiert werden – es ist nicht selbsterklärend. (Bild mit freundlicher Genehmigung der Fa. Navico GmbH, Schleswig)

schirm als Objekt. Mit Hilfe von Filtern können Sie dieses Echo zwar herunterdämpfen – dann gehen Sie aber das Risiko ein, dass ein kleines Angelboot, das ebenfalls nur ein schwaches Echo wirft, auf dem Bildschirm gar nicht mehr erscheint. Und wenn Ihr Radargerät Ihnen eine ziemlich massive Wand voraus anzeigt, muss es sich dabei nicht um eine Steilküste handeln; es kann auch die erwähnte Regenfront sein.

Ein Beispiel für die schwierige Interpretation von Radarechos liefert ein Bericht der Bundesstelle für Seeunfalluntersuchung. Kurz vor einem Zusammenstoß zwischen einer Fähre und einer Segelyacht im August 2009 sah die Besatzung auf der Brücke der Fähre dieses Radarbild (siehe Abbildung Seite 49 oben). Kurz danach kam es zur Kollision, bei der die Yacht erheblich beschädigt wurde. Auch die Berufsnautiker auf der Fähre hatten den gelben Punkt auf dem Radarbildschirm nicht richtig eingeschätzt. Auf dem nächsten Bild ist die Segelyacht rot eingekreist (siehe Abbildung Seite 49 unten).

Die Offiziere der Berufsschifffahrt sind zweifellos besser im Lesen von Radarbildern geschult als der durchschnittliche Hobbyskipper. Die BSU schreibt in ihrem Bericht: »Das Echo […] ist zwar im Ergebnis der nachträglichen Auswertung […] erkennbar, unterscheidet sich in dieser Abbildung aber nicht […] von den diversen, wahrscheinlich seegangsbedingten Störungen.«

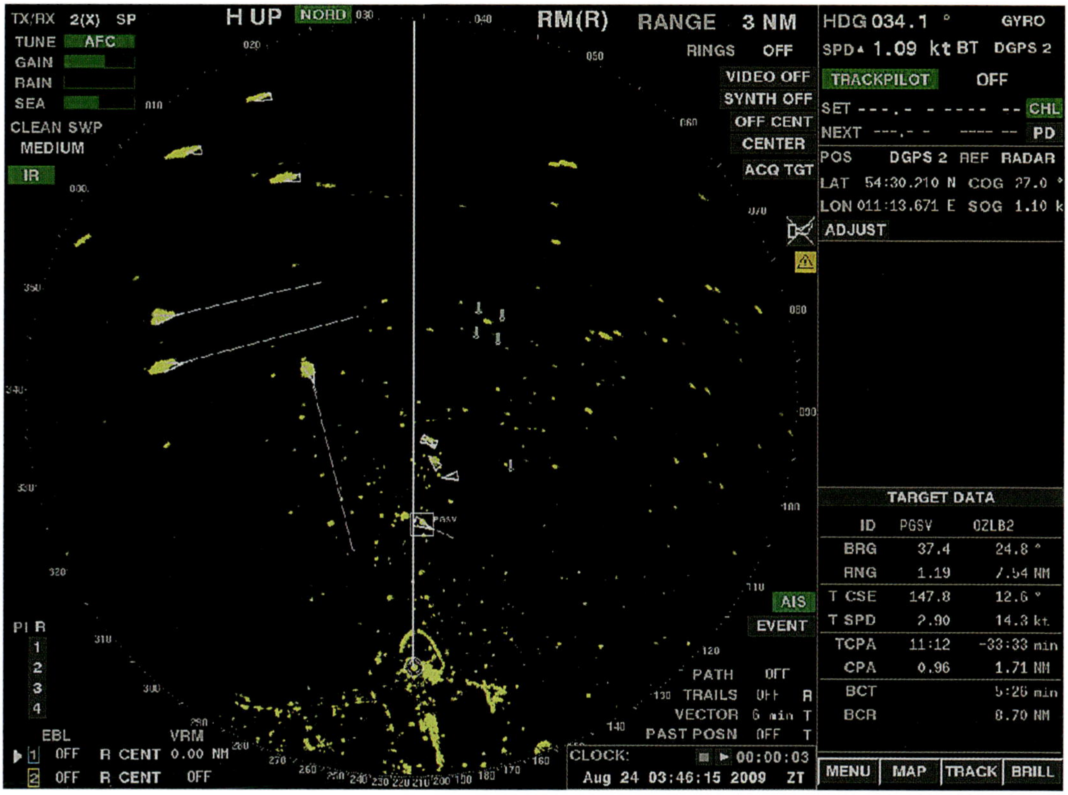

Dass auf dem Radarbild etwas zu sehen ist bedeutet nicht, dass man über alles Bescheid weiß …

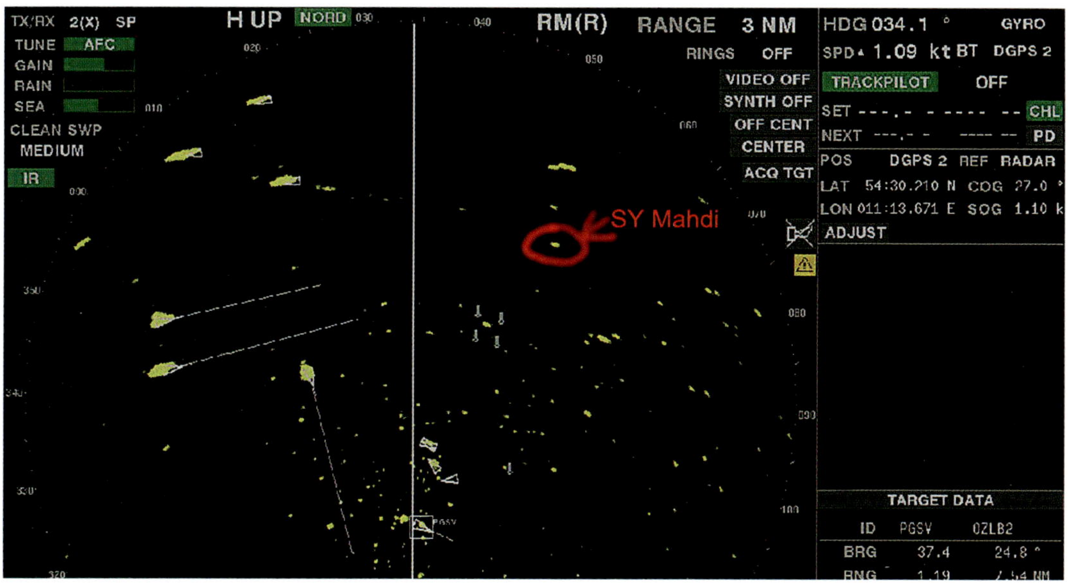

(Beide Bilder wurden freundlicherweise von der Bundesstelle für Seeunfalluntersuchung BSU zur Verfügung gestellt, siehe BSU »Summarischer Unfallbericht 350 / 09«)

Bei einem Radargerät mit seinen vielfältigen Einstellmöglichkeiten ist es ausgesprochen wichtig, sich mit der Bedienungsanleitung mehr als nur oberflächlich vertraut zu machen. So ist es ein entscheidender Unterschied, ob Ihr Gerät auf »North up« eingestellt ist und damit oben am Bildschirm immer das nördliche Echo angezeigt wird, oder ob Sie es so einstellen, dass oben am Bildschirm die Schiffsvorausrichtung ist.

»Unsere Kunden schalten das Radar bei gutem Wetter ein, um so zu üben, das Bild richtig zu interpretieren«, meint Frank Westphal vom Hersteller Furuno. Diese Firma wie auch andere bieten im Übrigen Schulungen an.

Ein Radargerät ist keine ganz billige Angelegenheit. Bevor Sie einen Betrag zwischen 1500 Euro oder bis zu 20 000 Euro investieren, steht eine grundsätzliche Entscheidung an. Günstiger ist ein »Stand-Alone-Gerät«. Damit bekommen Sie vom Hersteller oder vom Händler

- den Radardom oder den Balken zur Montage am Schiff. Motorboot haben dazu häufig einen Geräteträger, Segelboote nutzen die Saling; gibt es mehrere Salinge, dann empfiehlt sich die untere Saling.
- ein Kabel von dort zum Sichtgerät, das am Naviplatz untergebracht ist.
- das Sichtgerät selbst. Dort lassen sich übrigens meistens noch AIS-Signale einspeisen und darstellen.

Die teurere Variante ist ein netzwerkfähiges Gerät. Es setzt Sie grob gesagt in die Lage, vom Hauptgerät aus mehrere Tochteranzeigen zu versorgen, so dass Sie Ihr Radarbild beispielsweise in der Naviecke und im Cockpit verfolgen können. Zudem kann das netzwerkfähige Gerät das Radarbild auf eine Seekarte legen; diese Technik nennt man Overlay. Die Integration von AIS-Daten ist bei diesen Geräten obligatorisch.

Es ist auch eine Überlegung wert, auf einen eigenen Bildschirm für das Radargerät zu verzichten, und stattdessen das Signal auf einen Multifunktionsplotter zu übertragen, zumindest dann, wenn Sie so ein Gerät ohnehin schon haben.

Radargeräte unterscheiden sich außerdem dadurch, dass manche ein Dauersignal von sich ge-

Mastmontage einer Radarantenne. Ohne eine passende Montagehalterung kommt man nicht aus. Die Löcher werden vorgebohrt, die Halterung verschraubt oder mit Blindnieten angebracht. Wie man hier sehen kann, hat der Eigner schon allerlei andere Teile am Masttopp montiert – genaues Planen und Abmessen ist hier erforderlich, damit auch alles seinen Platz findet. Die Verkabelung läuft – wie üblich – innen durch den Mast.

ben, während andere ein pulsierendes Signal aussenden. Der Unterschied: Beim pulsierenden Radar macht der Sender eine Pause – damit das Gerät in die Lage versetzt wird, zurückkommende Echos zu verarbeiten. Beim Dauerstrichradar gibt es einen Extrasender und einen Empfänger. Das macht es möglich, permanent zu senden und gleichzeitig Echos zu empfangen.

Ein weiteres technisches Unterscheidungsmerkmal bei Radargeräten ist, wie schnell sich der Radarsender im Kreis dreht: Manche Geräte sind so schnell, dass die Elektronik genügend Informationen bekommt, um zwei Entfernungsbereiche gleichzeitig darstellen zu können. So lässt sich sowohl verfolgen, wie sich die Radarlage im Umkreis von 10 Meilen darstellt, als auch, was sich im Umkreis von 3 Meilen so alles tut.

So lange Sie sich mit Ihrem Motor- oder Segelboot auf See befinden und Ihr Boot nicht ausrüstungspflichtig ist, brauchen Sie keinen Erlaubnisschein irgendeiner Art, um eine Radaranlage zu betreiben. Anders sieht es binnen aus; dort gibt es verschiedene Verordnungen, über die man sich dann kundig machen muss.

Einbau/Installation

Die Hersteller empfehlen gerne, ein Radargerät von einem Fachbetrieb einbauen zu lassen. Hat man ein netzwerkfähiges Gerät, sollte man dieser Empfehlung unbedingt folgen, sofern man nicht auch Netzwerkexperte ist. Hier gibt es so viele Dinge zu beachten, dass Frustrationen kaum zu vermeiden sind. Ein Stand-Alone-Gerät ist dagegen mit normalen handwerklichen Fähigkeiten gut selbst einzubauen.

Interessante Internetseiten zum Thema:

http://www.BSU-Bund.de
Bundesstelle für Seeunfalluntersuchung; sie analysiert Unfälle.

http://www.furuno.de
http://www.raymarine.de
http://www.garmin.com/de/products/marine/
Anbieter von Radarlösungen für Boote.

Radarreflektoren

Wie Sie im vorangegangenen Kapitel sehen konnte, ist ein Sportboot – zumal eine GFK-Yacht – auf dem Radarschirm schlecht bis sehr schlecht sichtbar. GFK hat an sich schon schlechte Reflexionseigenschaften für Radarwellen, Holz ebenso. Bei Stahlbooten und Alubooten sieht es schon besser aus. Die tendenziell abgerundete Form erschwert die Erkennbarkeit auf dem Radarbild zusätzlich. Dazu kommt noch Seegang; wenn Ihr Boot zeitweise hinter einem Wellenberg verschwindet, kann es ebenso zeitweise auch keine Radarwellen reflektieren. Auf dem Radarschirm ergibt das dann ein »pumpendes« Echo, das ein Schiff sein kann – oder auch gar nichts. Hat der Radarbeobachter die Empfindlichkeit seines Gerätes noch heruntergeregelt, um unnötige Echos zu vermindern, kann es sein, dass er Ihr Boot überhaupt nicht registriert.

Dabei ist das rechtzeitige Gesehenwerden vor allem in Verbindung mit Containerschiffen eine wichtige Sache. Erinnern Sie sich an den Fragenbogen Ihres Sportbootführerscheines See: Der reine Anhalteweg eines schweren Frachters liegt etwa bei der zehn- bis fünfzehnfachen Schiffslänge. Die längsten Containerschiffe bringen es auf eine Länge von knapp 400 m. Schiffe von 325 bis 345 m sind durchaus üblich.

Das bedeutet: Wenn Ihr Boot auf Kollisionskurs mit einem unbekannten Containerschiff ist, hat der Schiffsführer dort einen »Bremsweg«, der irgendwo zwischen 3 und 6 km liegt. Die schiere Masse schiebt das Schiff trotz eines eventuelle Stoppbefehls einfach geradeaus weiter. Bremst das Containerschiff nicht ab, sondern versucht einfach nur auszuweichen, verbessert sich die Lage nur unwesentlich. Diese beeindruckende Strecke legt das Schiff dazu in einer erstaunlichen Geschwindigkeit zurück; ist der Riese mit 20 kn unterwegs, legt er beispielsweise 36 km in der Stunde zurück. Das sind 6 km in 10 Minuten. Damit wird klar, dass man auf der Brücke des Containerschiffes nur wenig Zeit hat, die Kollisionsgefahr erstens zu erkennen, und zweitens die Kollision dann auch zu vermeiden.

Es ist also in Ihrem ureigenen Interesse, wenigstens die Sichtbarkeit Ihres Schiffes für den »Gegner« zu verbessern. Dazu gibt es Radarreflektoren. Diese unterscheiden sich in aktive und passive Reflektoren. Der passive Reflektor ist so konstruiert, dass er Radarwellen möglichst gut reflektiert. Der aktive verstärkt ein empfangenes Signal zusätzlich noch und schickt es dann an den Absender zurück.

Radarreflektoren passiv

Im Großen und Ganzen gibt es drei Typen passiver Reflektoren. Sie alle haben das Ziel, ein möglichst gut sichtbares Signal auf dem Radarschirm zu hinterlassen.

Zum einen gibt es schlanke Röhren, die eine verschachtelte Metallkonstruktion als Innenleben haben. Zum zweiten gibt es zylindrisch aussehende Reflektoren, die eine Außenhaut aus Kunststoff haben und innen ebenfalls eine möglichst trickreiche Konstruktion, um Radarwellen zurückzuwerfen. Die dritte Variante sind Oktaeder.

Kurz gesagt gelten die Röhren als am wenigsten effektiv, was die Reflexionseigenschaften betrifft. Ihre Existenzberechtigung ziehen sie aus der Tatsache, dass sie nur sehr wenig Windwiderstand bieten. Die Zylinder sind etwas besser, und am besten sind die Oktaeder. Aber nur, wenn sie richtig angebracht sind. Sie sollten so montiert werden, dass sie nach vorne geneigt sind – nur so wird das Radarsignal auch horizontal reflektiert. Montiert man sie etwa an einer Art Flaggleine nahezu senkrecht, dann profitieren lediglich Flugzeuge oder Ufos im Landeanflug von einem brauchbaren Radarbild.

Für Oktaeder haben sich zwei grundsätzliche Stellungen als praxisgerecht erwiesen; sie hängen vom Bootstyp ab. Segelboote sind mit der »Yachtstellung« am besten bedient, Motorboote mit der »Sechserstellung«.

Radarreflektor in Form einer schlanken Röhre: Besser als nichts, aber es gibt Effektiveres.

Ein Reflektor in Form eines Zylinders: Mehr Fläche bedeutet mehr Reflexion, also ein besseres Signal.

Passiver Radarreflektor als Oktaeder.

In der »Sechserstellung« achtet man beim Anbau darauf, dass einer der Winkelreflektoren genau nach oben ausgerichtet ist und einer genau nach unten. In der »Yachtstellung« ist ein Reflektor genau nach hinten ausgerichtet, einer genau nach vorne.

Für die genannten Modelle gilt allerdings insgesamt: Ihre Leistungen unter Realbedingungen sind nicht berühmt. Zumindest hat das die Zeitschrift »Segeln-Magazin« in einem Test 2006 so gesehen – darin schnitten die bekannten passiven Reflektoren mit Bewertungen zwischen »ausreichend« und »mangelhaft« ab, der Zylinder bekam ein »befriedigend«. Verschlechtert wird die Rückstrahlleistung automatisch noch dann, wenn das Boot krängt; dann wird das Radarsignal wahlweise ins Wasser geschickt oder ins Weltall.

Trotz der Kritik steht die Bundesstelle für Seeunfalluntersuchung aber auf dem Standpunkt: Besser ein schlechter Radarreflektor als keiner, da die Wahrscheinlichkeit, von einem Radar erfasst zu werden immerhin gesteigert wird.

In die Reihe der passiven Radarreflektoren gehört auch der Tri-Lens-Radarreflektor, der bessere Reflektionseigenschaften hat. Ursprünglich stammt dieses Gerät aus der Militärbereich und gilt derzeit als das modernste. Grundlage für diese Technik sind die »Lüneberg-Linsen«, die es ermöglichen, aus nahezu jedem Winkel ein maximales Echo zu bekommen. Darin liegt auch der Vorteil dieser Radarreflektoren.

Interessant werden sie aber erst für Boote ab einer Länge von 30 Fuß, denn sie sind die größten und schwersten passiven Modelle.

Ab einer Schiffsgröße von 42 Fuß empfehlen die Händler den Tri-Lens-Large-Reflektor. Man bekommt ihn in der Größe von 40 x 40 x 20 cm bei einem Gewicht von 5,5 kg.

Groß, schwer, aber mit besserem Wirkungsgrad: Tri-Lens-Radarreflektor.

Sein wasserdichtes Gehäuse besteht aus ABS. Hinter dieser Abkürzung versteckt sich der klangvolle und respekteinflößende Name »Acrylnitril-Butadien-Styrol«. Man muss keineswegs erst ein komplettes Studium der Chemie hinter sich gebracht haben, um dieses Material kennenzulernen.

Viele Wassersportler haben ABS bereits in den Händen gehalten, als sie noch nicht im entferntesten an ihre Wassersportkarriere gedacht haben: Es sind die guten, alten Legosteine, die aus ABS gefertigt werden. Der Handel garantiert die UV-Stabilität des Reflektors, weniger garantiert ist allerdings die Beigabe der Masthalterung. Die sollte man bei einem Kauf in jedem Fall erfragen.

Radarreflektoren aktiv

Aktive Radarreflektoren erkennen, wenn sie einen »Ping« bekommen. Sie verstärken das Signal und schicken es zurück. Sie bestehen aus einer Antenne, in die gleichzeitig eine Sendeeinheit verbaut ist, und aus einem kleinen Elektronikkasten. Der gibt Ihnen Meldung, dass ein Radar Sie erfasst hat.

Bei der Suche nach aktiven Radarreflektoren stoßen Sie vielleicht auf den Begriff »Radar Target Enhancer«, kurz: RTE. Der Begriff beschreibt, was das Gerät macht: Es wirft ein verstärktes Signal zurück. Das beschränkt sich derzeit auf das X-Band. X-Band bezeichnet einfach einen bestimmten Abschnitt im Frequenzspektrum, der für Radar benutzt wird – es gibt noch andere Abschnitte wie etwa das S-Band, die ebenfalls genutzt werden.

Im Ergebnis kann Ihnen die Beschränkung auf das X-Band aber gleichgültig sein, da die Berufsschifffahrt dieses Band auf jeden Fall abtastet.

Für alle Radarreflektoren gilt der Grundsatz: Sie sind um so besser zu erkennen, je höher sie auf dem Boot angebracht sind, und je mehr Reflexionsfläche sie bieten – sei dieses Mehr nun in Form von echter Fläche da, oder aber in Form eines elektronisch verstärkten Signals.

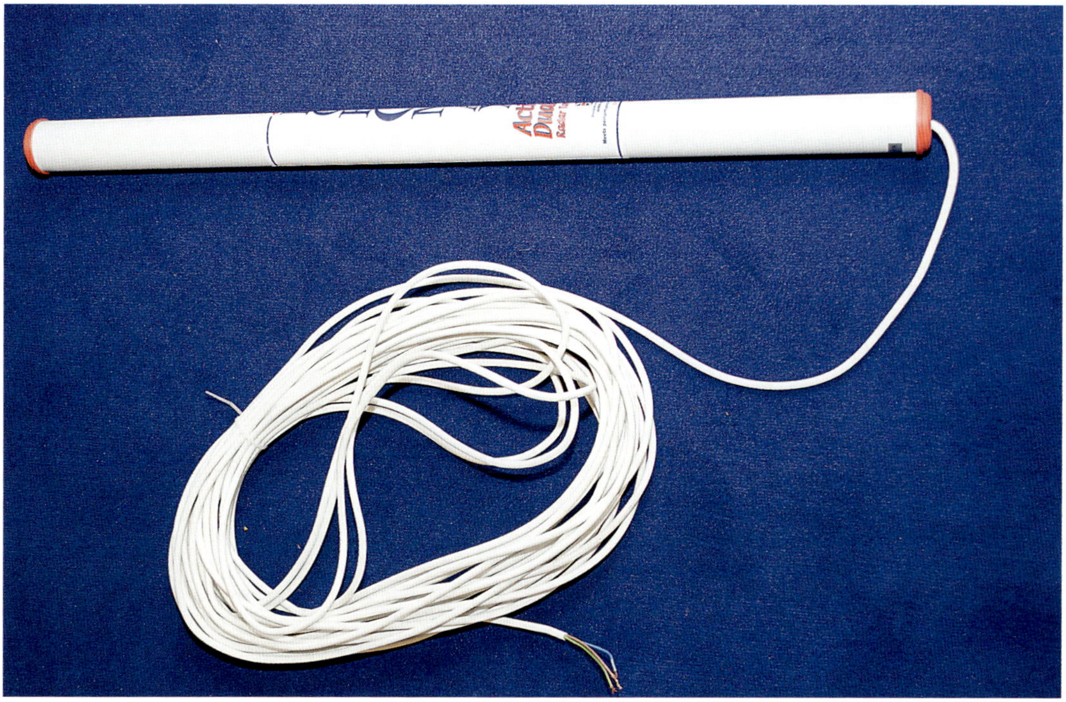

Radarreflektor aktiv: Im Grunde die beste Lösung, da das Signal elektrisch verstärkt zurückgeworfen wird. Natürlich auch wieder teurer als die passiven Geräte.

Zum Schluss kann man sich noch die Frage stellen, ob ein Radarreflektor überhaupt nötig ist – schließlich gibt es doch das AIS-System. Im Kapitel zu diesem Thema sind die Vorteile ja aufgelistet: AIS sagt Ihnen genau, ob Kollisionsgefahr besteht, Sie bekommen die Schiffsdaten inklusive Fahrt und Kurs und außerdem noch die UKW-Funknummer des Schiffes, um es direkt ansprechen zu können. Der Radarreflektor hingegen schickt nur ein »Mich-gibt-es«-Signal zurück, von dem man nicht genau weiß, ob es auch immer ankommt.

Die Antwort müssen Sie sich selbst geben: Die Kosten für einen passiven Reflektor fangen bei ca. 15 Euro an. Für einen aktiven müssen Sie ein paar Hunderter auf den Tisch des Händlers legen. Berufsschiffer schätzen es allerdings sehr, wenn Sportschiffer jede existierende Möglichkeit nutzen, um auf sich aufmerksam zu machen.

Interessante Internetseiten zum Thema:

http://www.schiffszubehoer.eu/Sicherheit/Radarreflektoren
https://www.svb.de/html/Radarreflektoren.html
Anbieter von Radarreflektoren.

http://www.svaoe.de/aktivitaeten/fahrtensegeln/nautische-informationen/58-sicherheit-auf-see/208-radarreflektoren.html
Ein Text zum Thema.

Funk

Wenn Sie Ihr Boot mit einem Funkgerät ausrüsten wollen, gibt es eine sinnvolle Ausstattung, mit der die allermeisten Skipper bestens bedient sind. Sie umfasst ein Gerät, das UKW-Funk mit DSC-Controller der Klasse D bietet, und das umschaltbar auf Binnenfunk mit ATIS-Funktion ist.

Mit einem Seefunkgerät haben Sie – abhängig von Montageort der Antenne und von der Masthöhe – in etwa eine Reichweite von rund 30 sm.

Wie ein Funkgerät beschaffen sein muss, damit es für die Schifffahrt zugelassen ist, ist unter anderem durch das Global Maritime Distress and Safety System (GMDSS) geregelt. Das GMDSS ist salopp übersetzt ein Katalog von Regeln, technischen Einrichtungen und Dienststellen, auf die man sich weltweit geeinigt hat. Damit haben Sie aber nichts weiter zu schaffen, wenn Sie sich an die obige Empfehlung halten, denn die Hersteller kümmern sich darum, dass die Regeln eingehalten werden.

UKW-Funk See (DSC)

Vor einigen Jahren ist das normale UKW-Sprechfunkgerät mit DSC-Controllern ausgestattet worden. DSC bedeutet Digital Selective Call = digitaler Selektivruf. So ein Gerät bietet zum einen die Möglichkeit, normalen Sprechfunkverkehr abzuwickeln, wie es seit Jahrzehnten üblich ist. Die DSC-Funktion erweitert die Möglichkeiten: Sie können ganz ähnlich wie bei einem Computer über ein Menü abrufen, was Sie der Welt so mitteilen wollen.

DSC ist die digitalisierte Version des Funkens mit folgenden Vorteilen:

- Da Sie alles Notwendige zu Ihrem Funkruf über Menüs abrufen müssen und erst danach absenden können, können Sie keine Details vergessen.
- Da die Übertragung digital abläuft und beim Empfänger ein komplettes, am Display ablesbares Datenpaket ankommt, gibt es keine Unsicherheiten durch falsch oder missverständlich ausgesprochene Worte oder durch eine schlechte Sprachübertragung.
- Da die Position vom GPS-Empfänger direkt an das Funkgerät geliefert wird, ist Ihr Standort Teil des Funkrufs.

Ein modernes Funkgerät mit DSC-Controller. Achten Sie darauf, dass der DSC-Controller die Klasse »D« hat. (Bild mit freundlicher Genehmigung der Fa. Icom)

- Ihre Identität ist ebenso Teil des Funkrufs.
- Ihr Funkruf wird beim Empfänger gespeichert und ist abrufbar. So kann Ihr Ruf nicht verloren gehen, nur weil der Empfänger gerade mal auf der Toilette war, anstatt das Funkgerät abzuhören. Zudem bekommt der Empfänger ein akustisches und optisches Signal, dass ein Funkruf im Speicher auf ihn wartet.

Sehen wir uns ein Beispiel an und gehen wir davon aus, dass ein Crewmitglied über Bord gegangen ist und Sie dringend Hilfe benötigen. Über UKW-Funk alter Art würden Sie etwa folgendes funken: »Mayday, Mayday, Mayday. This is SY *Havaria*. Callsign: 123456789. My position is XX XX XX XX XX XX. Man over board in position. Over.«

Man kann sich leicht vorstellen, dass der Funker auf dem empfangenden Boot so schnell gar nicht alles mit bekommt. Das fängt schon damit an, dass der Bootsname *Havaria* für solche Fälle nicht sehr glücklich gewählt ist. Hat der Sender etwa eine Havarie **und** noch ein Crewmitglied verloren? Hat er sich nur etwas unglücklich ausgedrückt? Auch die Positionsangaben sind nicht so schnell und fehlerlos hinnotiert, wie man sich das wünschen würde. Schließlich passiert beim Abhören des Funks die meiste Zeit gar nichts. Es ist eine Illusion zu glauben, dass der Funker stundenlang mit gespitztem Bleistift am Gerät sitzt und sofort alles mitnotieren kann. Tatsächlich wird er vielleicht während seiner Hörwache in einem Mickymausheft lesen, dem Steuermann ein paar Butterbrote schmieren oder gerade mit seinem GPS-Gerät herumspielen, um ein paar neue Wegepunkte zu setzen. Und das sind noch die günstigsten anzunehmenden Fälle. Weit ungünstiger ist es, wenn gar keiner am Funk sitzt, weil bei kleiner Crew halt auch noch ein paar andere Sachen an Bord interessanter oder wichtiger sind, als am Funkgerät zu hocken.

Hinzu kommt noch, dass der Absender seinen Ruf mit großer Wahrscheinlichkeit gar nicht so lehrbuchgemäß absenden wird, wie das den Prüfern im Funkkurs vorschwebt. Diese künstliche Maschinensprache, für die sich Funklehrer so begeis-

Hinter der Klappe steckt der Notrufknopf. Einfach mal so drücken kann teuer werden.

tern können, ist den meisten Menschen nur schwer eingängig.

Hört man den Funkverkehr etwa auf der Ostsee ab, stellt man fest, dass die meisten Bootsfahrer sich nicht sonderlich um die Funkregeln scheren. Man hört jedenfalls öfter Gespräche dieser Art:

»Hallo Möwe, hier ist Manni. Hörst du mich?«

»Jau.«

»Wann seid ihr in Lauterbach?«

»Schrei nicht so. Bin doch nicht taub.«

(Leiser) »Wann seid ihr in Lauterbach?«

»Denke mal, ne halbe Stunde.«

»Dann stell das Bier kalt. Wir kommen auch gleich.«

Entsprechend können die Skipper oder Funker die formalisierten Textbausteine nur schwer abrufen, wenn sie sie benötigen – zumal auch die Routine fehlt. Ein Mann-über-Bord-Ruf wird sich dann auch häufig etwas anders abspielen:

»Hiiiilfe.«

»-----«

»Hiiiiilfe. Hier ist die *Havaria*. Wir haben Mann über Bord.«

»Havaria, hier ist *Morgenröte*. Ich höre euch. Wo seid ihr?«

»Ich bin am Funkgerät. Einer von uns ist im Wasser.«

»Was ist eure Position?«

»Wir sind vor einer Stunde aus Schleimünde raus.«

Wer wirklich ein Crewmitglied verloren hat, wird nicht im Handbuch nachschlagen, wie man den Funkruf nun so ordentlich absetzt, dass man gleichzeitig die Prüfung noch einmal bestehen könnte. Angst und Stress beflügeln nicht immer.

Der Funkruf über DSC ist natürlich nicht weniger formalisiert. Er hat aber den Vorteil, dass man aus den Menüs irgendetwas auswählen muss, bevor der Ruf abgesendet werden kann. Und das Absenden klappt nur, wenn der Ruf vollständig ist.

Zudem erkennt man die Textbausteine wie »grounding« oder »man over board« ganz gut, wenn man sie einmal vor sich sieht. Und da Position und Absender quasi automatisch mit gesendet werden, erspart man sich die fehlerträchtige Übermittlung von Zahlen und Buchstaben.

Die meisten Funkgeräte haben auch eine »MOB-Taste«, eventuell auch als »Distress« bezeichnet; drückt man den roten Knopf, wird der Ruf automatisch zusammen gestellt.

UKW-Funk Binnen (ATIS)

Wenn Sie auf den Binnenwasserstraßen funken, muss Ihr Funkgerät eine automatische Identifizierung des Absenders gewährleisten. Genau das ist die Aufgabe des »ATIS« (Automatic Transmitter Information System = Automatisches Identifizierungssystem des Absenders.)

Wenn Sie einen Funkruf ausgesendet haben, wird das Datenpaket mit Ihrer ATIS-Kennung ohne weiteres Zutun Ihrerseits mit auf den Weg geschickt. Die ATIS-Kennung ist ein zehnstelliger Code, der so aussehen kann: 9 211 03 6580.
Der Code bedeutet:
9 = Kennzahl für den Binnenschifffahrtsfunk.
211 = Ländercode für Deutschland
03 6580 = Codenummer für Ihr Schiff.
Diese Nummer ist also so etwas wie ein Nummernschild.
Ihr UKW-Funkgerät für den Wassersport sollte bieten:

- DSC für den Seefunk.
- ATIS für den Binnenfunk.
- die Möglichkeiten, zwischen Binnen und Seefunk umzuschalten.
- einen NMEA-Eingang, damit GPS-Daten übernommen werden können.
- ein ausreichend großes, gut ablesbares Display.
- eine Distress-/MOB-Taste.

Nett zu haben wäre noch:

- ein NMEA-Ausgang. Damit können Sie eine Datenverbindung zu einem Plotter schaffen. Der Sinn der Sache liegt darin, dass empfangene DSC-Funkrufe auf einem Kartenplotter dargestellt werden können.

Zu bekommen, aber nicht in jedem Fall nötig ist:

- die Möglichkeit, ein Zweitbediengerät anschließen zu können. Damit ließe sich ein Tochtergerät zum Funken am Steuerstand realisieren.

Die Kosten liegen in etwa zwischen rund 130 Euro am unteren Ende. Am oberen Ende können Sie bis zu 400 Euro und mehr rechnen. Antenne, Stecker und Kabel müssen Sie extra dazu kaufen. Rechnen Sie für eine Antenne 50 bis 70 Euro.

Für den Einbau benötigen Sie:

- das Funkgerät selbst.
- Kabel für die Stromversorgung.

Die Verbindung von Kabel und Stecker muss sehr sauber ausgeführt sein, um Sende- und Empfangsprobleme zu vermeiden. (Bild mit freundlicher Genehmigung der Fa. Icom)

- eine Antenne mit Montagesatz.
- Antennenkabel für die Verbindung mit der Außenantenne (im Masttopp).
- höchstwahrscheinlich noch eine Steckverbindung, um durch das Deck oder das Kajütdach kommen zu können.

Suchen Sie sich zunächst den Platz für das Funkgerät aus; es kann sehr viel Wärme entwickeln, deswegen sollten Sie darauf achten, dass am Einbauort kein allzu großer Wärmestau möglich ist.

Die Geräte werden in der Regel entweder mit einem Haltebügel geliefert, dann können Sie es als Aufbaugerät einfach dort hinschrauben, wo Sie es haben möchten. Oder Sie bauen es in Ihre Gerätewand ein. Dann kommt die meist mitgelieferte Schablone zum Einsatz, um mit der Stichsäge ein passende Aussparung sägen zu können. Die dünnen Wände aus Sperrholz oder GFK, in die Sie hineinsägen, können zum Flattern neigen – gehen Sie entsprechend vorsichtig vor, damit das Sägeblatt am Material nicht zu sehr reißt.

Eine grundsätzliche Entscheidung müssen Sie noch in Sachen Stromversorgung treffen: Die einen schließen ihr Funkgerät einfach an die bestehende Versorgung an, verlegen also Kabel zur Schalttafel und schalten das Gerät ein. Andere wollen das Funkgerät zusätzlich absichern und lassen es eben nicht über die Schalttafel laufen, sondern verlegen die Kabel direkt zur Bordbatterie. Das soll den Funk gegen einen Ausfall an der Schalttafel absichern. Wieder andere gehen noch weiter und schaffen sich eine eigene Batterie nur für das Funkgerät an – die wird dann so hoch gelagert, dass sie auch im Fall von Wasser im Boot so schnell nicht überspült werden kann.

Die Antenne bringen Sie am besten im Masttopp unter. Das Motto: Je höher sie angebracht ist, desto größer ist die Reichweite. Für die Antenne selbst bekommen Sie Montagesätze, die Sie am Masttopp befestigen zu können. Alternativ bietet sich ein Platz an der Saling an.

Der Decksdurchbruch ist an sich unproblematisch, auch wenn man als Eigner eine natürliche Abneigung dagegen hat, Löcher in sein Schiff zu bohren: Mehr muss eigentlich nicht getan werden. Die Steckverbindungen dichten gut ab und machen einem weiter keine Sorgen. Viele Eigner schmieren sicherheitshalber noch etwas Dichtmasse dazu – auch wenn das meist nicht nötig ist. Andere sichern sich mit ein paar Pinselstrichen Lack gegen noch

Der Motorbootfahrer hat es gut. Auf einem Gerätemast kann er alles unterbringen – und die Antenne sitzt am höchsten Punkt.

verbleibende Undichtigkeiten am Stecker ab. Achten Sie nur darauf, dass Sie sich Steckverbindungen besorgen – und nicht etwa einfache Abdichtungen für Durchbrüche. Bei den Abdichtungen wird das Kabel nicht unterbrochen, und Sie bekommen Schwierigkeiten, wenn Sie den Mast legen wollen.

Einige Überlegungen sollten Sie auf den Ort verwenden, an dem Sie den Decksdurchbruch planen: dort, wo später der Stecker ist, sollte sich keine Leine und kein Fuß leicht verfangen können. Auch lange Kabelwege vom Mastfuß zum Stecker vermeiden Sie besser.

Die Verbindung Kabel/Stecker lassen Sie sich am besten vom Händler oder Hersteller anfertigen: Die Verbindungen sind ein wesentlicher Bestandteil eines funktionierenden Funkgerätes. Wird hier geschlampt, sind empfindliche Einbußen bei der Empfangs- und Sendequalität die Folge.

Das größte Hindernis vor dem erfolgreichen Funken ist, dass man einen Funkschein machen muss. Seit 2003 sieht die Lage so aus, dass es drei Funkscheine gibt, die für Skipper interessant sind.
Das sind:

- das Allgemeine Funkbetriebszeugnis (Long Range Certificate = LRC).
- das Beschränkt Gültige Funkbetriebszeugnis (Short Range Certificate = SRC).
- das UKW-Sprechfunkzeugnis für den Binnenschifffahrtsfunk.

Als Sportbootfahrer sind Sie entweder binnen oder auf See unterwegs, zeitweilig mal auf See und binnen. Es ist sinnvoll, dass Sie für beide Fälle gerüstet sind.

Damit empfiehlt es sich für Sie, zum einen das »Beschränkt Gültige Funkbetriebszeugnis« SRC zu machen; das Ihnen erlaubt, UKW-Schiffsfunkgeräte auf See zu nutzen, die auch das DSC-Verfahren ermöglichen.

Zum zweiten sollten Sie sich der Mühe unterziehen, das UKW-Sprechfunkzeugnis Binnen zu absolvieren. In diesem Zeugnis ist die ATIS-Funktion

Eins von vielen existierenden Funkzeugnissen.

inbegriffen, also die automatische Identifikation des Senders sowie die Möglichkeit, eine eigene »Funktelefonnummer« zu haben.

Damit sind Sie für die normalen Erfordernisse des Funkens bei Ihrem Hobby ausreichend ausgestattet.

Der Vollständigkeit sei noch erwähnt, warum es das allgemeine Funkbetriebszeugnis LRC gibt: Mit ihm erweitert sich Ihre Funkerlaubnis auf Funkgeräte, die nicht nur auf Schiffen angebracht sind, sondern außerdem etwa an Funkstationen an Land. Außerdem können Sie mit dem LRC zusätzlich noch auf Kurz- und Grenzwelle funken.

Unübersichtlich wird es für Besitzer älterer Funkzeugnisse. Seit dem Jahr 1999 hat es drei Änderungen gegeben, weshalb ältere Semester mit Funkscheinen, die vor dem Jahr 2003 ausgegeben worden sind (da gab es die letzte Änderung), in eine kafkaeske Situation kommen, wenn sie herausfinden wollen, ob sie nun da, wo sie sind, funken dürfen oder nicht.

Wenn ich versuche, die Behördensprache in allgemeinverständliches Deutsch zu übersetzen kommt etwa folgendes dabei heraus: Grundsätzlich behalten alte Funkscheine ihre Gültigkeit. Das heißt, wenn Sie ein beschränkt gültiges Sprechfunkzeugnis für den Bereich See besitzen, können Sie auch weiter dort auf UKW funken.

Die Ausnahmen beziehen sich vor allem auf das relativ neue DSC-Verfahren. Wer also einen alten Funkschein hat, darf weiter funken, aber DSC nicht benutzen.

Haben Sie ein Funkgerät und einen passenden Schein, müssen Sie das Gerät vor der Benutzung noch bei der Bundesnetzagentur anmelden. Das Anmeldeformular liegt in der Regel den Funkgeräten schon bei und muss ausgefüllt und eingeschickt werden.

Interessante Internetseiten zum Thema:

http://www.yachtschule-spittler.de/funk/seefunk.html
Unter anderem finden Sie hier eine Tabelle zu Funkzeugnissen und den jeweiligen Berechtigungen für die Teilnahme am Funk.

http://www.sarres.de/SRC_Ablaufplan_-ZA-neu_Stand_3-2009.pdf
Hier finden Sie ein Ablaufschema für Funkrufe. Man kann es sich ausdrucken, einlaminieren und neben das Funkgerät hängen.

Adresse der **Bundesnetzagentur** für die Anmeldung eines UKW-Funkgerätes:
Bundesnetzagentur, Außenstelle Hamburg
Sachsenstraße 12 + 14, 20097 Hamburg
Tel.: 040/23655 -0 oder -182

Amateurfunk an Bord

(von Dr. Guido Schönwälder)

König Juan Carlos ist einer, Marlon Brando war einer, und Sir Cliff Richard gehört auch dazu. Gemeint sind Funkamateure, quer durch alle Berufe und gesellschaftliche Schichten. Der Amateurfunkdienst ist ein weltumspannender, experimenteller Funkdienst, der in Deutschland durch das Amateurfunkgesetz geregelt ist. Die Teilnehmer des Amateurfunkdienstes werden Funkamateure genannt. Sie beschäftigen sich lediglich aus persönlichem Interesse und nicht in Verfolgung anderer, z. B. wirtschaftlicher oder politischer Zwecke, mit Funktechnik und Funkbetrieb. Amateurfunk ist ein sehr vielseitiges Hobby und kann richtiggehend süchtig machen. Informationen tauschen Funkamateure per Sprechfunk, Morsetelegraphie, digitaler Schriftübertragung oder per Bildübertragung aus. Die Funkamateure betreiben eigene Satelliten und auf der Raumstation ISS sind ständig Funkamateure anwesend. In Deutschland gibt es zur Zeit (2011) ca. 80.000 Funkamateure, weltweit sind es ca. 2,8 Millionen in fast allen Ländern der Erde.

Es gilt: Auf den Amateurfunkbändern darf jeder zuhören, für den Sendebetrieb ist eine Zulassung nach bestandener Amateurfunkprüfung bei der

Bundesnetzagentur erforderlich. Informationen über die Erlangung der Lizenz und entsprechende Kurse können beim Deutschen Amateur Radio Club e.V. oder beim entsprechenden Amateurfunkband des eigenen Landes erfragt werden. Die Verantwortlichkeit für jegliche Experimente liegt stets beim Experimentierenden selbst. Er hat vor Durchführung von Experimenten stets die gesetzlichen und technischen Bestimmungen zu beachten.

Welchen Nutzen hat der Amateurfunk an Bord?

Der Nutzen einer Amateurfunkanlage für den Hochseesegler ist enorm. Durch die Änderungen der technischen Betriebsbedingungen ist es nicht mehr garantiert, stets andere Stationen per Sprechfunk zu erreichen. Im Amateurfunkdienst ist immer jemand an Land oder an Bord empfangsbereit, um schnell und ohne gezielte Suche in Notfällen Hilfe zu leisten oder nur ein nettes Funkgespräch zu führen. Die INTERMAR Amateur-Seefunk e.V. hat auf der Frequenz 14.313 MHz ein maritimes Sprech-Amateurfunknetz etabliert. Das Amateurfunknetz benutzt nicht nur den analogen und digitalen Sprechfunk im Kurzwellen- und UKW-Bereich zum Austausch von Windvorhersagen, Wetterkarten, E-Mails, Wetterprognosen, Satellitenbildern und Törnberichten, sondern auch digitale Bild- und Datenübertragungen. Die Vielfalt der zur Verfügung stehenden Technik kann hier nur angedeutet werden, es würde den Rahmen des Artikels und auch des Buches bei weitem sprengen. Die zur Verfügung stehenden Möglichkeiten der Kommunikation im Amateurfunk wachsen stetig, da der Amateurfunk durch das technische Interesse und die Neuentwicklungen von Funkamateuren ständig vorangetrieben wird. Dabei reicht die Aktivität der amateurfunkenden Segler von minimal notwendiger Kommunikation bis hin zu leidenschaftlicher Beschäftigung mit dem Hobby Amateurfunk.

Im Vergleich zum Seefunk senden Amateurfunkgeräte mit geringfügig kleinerer Leistung. Unterschiede in der Signalstärke von Amateurfunk und Seefunk sind aber kaum auszumachen. Der Aufwand für die Installation der Antenne, der Erde und des Tuners sind identisch. Amateurfunkgeräte sind vielfältiger und flexibler in der Bedienung und kostengünstiger als Seefunkgeräte. Der Seefunk benutzt ausschließlich Kanäle, der Amateurfunk dagegen ganze Frequenzbereiche und verfügt somit über eine größere Frequenzauswahl. Da Amateurfunkgeräte kein DSC besitzen, sind sie nicht wie Seefunkgeräte mit GMDSS verbunden. Beide Funkdienste haben ihre jeweilige Berechtigung an Bord. Eine gut ausgerüstete Yacht sollte beide Systeme vorhalten. Maritime Funknetze für Segler gibt es fast ausschließlich im Amateurfunkdienst. Da der Amateurfunk jeglichen kommerziellen Betrieb ausschließt, sind weltweite Wetterdaten und E-Mails problemlos und kostenfrei verfügbar. Beim Seefunk fallen meist Gebühren an.

Eine der bekanntesten digitalen Betriebsarten an Bord ist PACTOR. Für die Betriebsart PACTOR ist ein spezielles Modem der Firma SCS erforderlich. PACTOR ermöglicht das Senden und Empfangen von E-Mails über das Internet, das Herunterladen von Wetterberichten, Wetterprognosen und Wetterkarten, das Senden und Empfangen von Bildern, die Übermittlung der aktuellen Schiffsposition, das Empfangen von Positionen anderer Schiffe sowie den direkten Fernschreibkontakt mit anderen Stationen an Land und auf See. Mit Hilfe des Programms AIRMAIL erhält man Zugang zum weltumspannenden Amateurfunknetz Winlink2000. Die Möglichkeiten der PACTOR-Kommunikation sind jetzt schon sehr vielseitig und werden ständig erweitert und verfeinert. Das Programm itsHFbc ermöglicht es, schnell und einfach den besten Einwahlpunkt für das Winlink2000-Netz zu ermitteln. Über das PACTOR-Modem oder einfach mit der Soundkarte des Laptops lassen sich ebenfalls Funkfernschreibverbindungen (RTTY) abwickeln oder einfach Wetterfaxbilder empfangen. Für einen Überblick über die sich ständig weiterentwickelnden Möglichkeiten des Amateurfunks an Bord sei auf die Intermar e.V. verwiesen.

Welche Geräte und welches Zubehör sind erforderlich?

Die Wahl der Antenne auf einer Yacht stellt die entscheidenden Weichen für eine störungsfreie und sichere Kommunikation. Bei einer 10 bis 15 Meter langen Yacht ist man hier auf Kompromisse angewiesen. Um möglichst weite Verbindungen auf Kurzwelle, in der Funkersprache DX-Verbindungen genannt, zu realisieren, sind Sie auf einen möglichst flachen Abstrahlwinkel angewiesen. Ein Dipol an Bord scheidet aus genau diesem Grund aus. Übrig bleiben Vertikalantennen. Eine davon haben Sie bereits an Bord, das Achterstag, welches aber modifiziert werden muss. Die andere Antennenform ist die Peitschenantenne. Um das **Achterstag als Antenne** nutzen zu können, müssen Sie einen Abschnitt desselben isolieren. Dazu können Sie sich z. B. nach geeigneten Isolatoren von Norseman oder Stalock umsehen. Sie benötigen genau zwei Isolatoren. Der Masttoppseitige Isolator muss mindestens einen Meter unterhalb des Masttopps sitzen. Er sitzt im Spannungsmaximum der Sendeantenne. Der untere Isolator sollte möglichst höher als Kopfhöhe angebracht werden. So vermeiden Sie ungewollte Berührungen der Antenne durch Menschen oder Gegenstände. Ein versehentlich an das isolierte Stück angelehnter oder angebundener Gegenstand kann die Wirkung der Antenne beträchtlich stören. Die Antenne sollte soweit wie möglich von jeglichen, insbesondere aber von metallischen, Gegenständen entfernt sein. Die Länge des durch die zwei Isolatoren zur Antenne gewordenen Achterstagabschnittes ist abhängig von der niedrigsten zu verwendenden Sendefrequenz.

Niedrigste Sendefrequenz	Erforderliche Länge des isolierten Achterstagsabschnittes
1,6 MHz Band	7 Meter oder länger
4 MHz Band	3 Meter oder länger

Wichtig: Unbedingt Längen für den isolierten Achterstagabschnitt vermeiden, die 1/2λ (halbe Wellenlänge) bilden, da das Abstimmen für den Tuner (= Antennenabstimmgerät) sonst sehr schwierig werden kann.

L: zu vermeidende Länge des isolierten Achterstagabschnittes in Metern
f: Sendefrequenz in MHz
n: Vielfaches einer natürlichen Zahl (n= 1, 2, 3, ...)

$$L = \frac{300}{f} \times \frac{1}{2} \times n$$

Beispiel:
Bei einer Sendefrequenz von 14,313 MHz (Maritimes Amateurfunknetz) sind folgende Längen zu vermeiden:

$$L = \frac{300}{14{,}313} \times \frac{1}{2} \times n \approx 10{,}5 \text{ Meter; } 21 \text{ Meter; } \ldots$$

Wünschenswert ist eine Länge des isolierten Achterstagabschnittes, der zwischen 1/4λ und 5/8λ liegt. Bei 5/8λ hat unsere Achterstagantenne den flachsten Abstrahlwinkel. Dies ist besonders für Weitverbindungen (DX-Verbindungen) wichtig.

Es ist ratsam, auch bei Benutzung der Achterstagantenne für den Notfall eine zerlegbare Peitschenantenne als Notantenne mitzuführen. Die ineinander schiebbaren Teilstücke, die bereits mit dem Innendraht versehen sein sollten, sind bei Verlust des Riggs schnell installiert.

Für die **Peitschenantenne**, die meist als Stab nach achteraus befestigt wird, gilt ähnliches für die Strahlerlänge wie für Ihre Achterstagantenne. Meist ist die Peitschenantenne aus mechanischen Gründen nur 7 bis 8 Meter lang. Der Gewinn der Peitschenantenne ist gegenüber der Achterstagantenne etwas höher. Der Unterschied spielt in der Praxis kaum eine Rolle. Sie können die Peitschenantenne fertig kaufen oder mit einer Angelrute und einem darin eingezogenen Draht selbst bauen. Bei der Angelrute ist darauf zu achten, dass sie einerseits keine Kohlenstofffasern (= Carbonfasern) enthält, andererseits stabil genug ist, um leicht geneigt über den Heckkorb nach Achtern zu stehen. Der Strahler der Peitschenantenne darf aus elektrischen Gründen nicht in Berührung mit metallischen Gegenständen kommen, also auch nicht mit dem Heckkorb.

Der **Tuner** passt die Impedanz (= Wechselstromwiderstand) der Antenne an die 50Ω-Impedanz des Funkgerätes an. So kann die Sendeleistung vom Funkgerät zur Antenne gelangen. Um den Tuner und das Funkgerät bei Gewitter zu schützen, ist eine Trennung der Leitung vom Tuner zur Antenne vorzusehen. Diese Leitung ist kein Koaxialkabel, sondern eine einadrige Leitung, die bereits selbst elektrischer Bestandteil der strahlenden Antenne ist und in die Gesamtstrahlerlänge mit einzurechnen ist. Es ist unter der Bezeichnung GTO-15 z. B. bei yachtfunk.com im Handel. Diese Leitung sollte möglichst kurz sein (maximal 1 Meter) und sich von sämtlichen Metallteilen oder anderen leitenden Teilen möglich weit entfernt halten. Daher sollte der Tuner möglichst nahe an der Antenne montiert werden. Eine Durchführung der strahlenden Zuleitung von einem Tuner unter Deck zur Antenne ist möglichst zu vermeiden. Die Durchführung kann undicht werden und muss zudem »HF-tauglich« sein. Somit scheidet Metall aus. Auch das Anbohren von

Plexiglasscheiben zur Kabeldurchführung sollte vermieden werden. Das Koaxialkabel zwischen dem Funkgerät und dem abgesetzten Tuner lässt sich dagegen leichter durch das Deck führen und eindichten. Hier können auch entsprechende Dichtungsverschraubungen benutzt werden, wenn Sie beachten, dass Sie das Kabel nicht durch zu starkes Zudrehen des Verschlusses quetschen. Dies würde zu elektrischen Stoßstellen für die Funkwellen führen, und somit wiederum zu einer schlechteren Verbindungsqualität unserer Amateurfunkanlage. Als Koaxialkabel zwischen dem Funkgerät und dem abgesetzten Tuner kann ein Aircell 7 oder als Kompromiss ein RG-58 eingesetzt werden. Die Koaxialstecker sollten wasserdicht, von sehr guter Qualität und gelötet sein. Jegliche Steckverbindungen, die nicht notfallmäßig unterbrochen werden müssen, sollten mit selbstverschweißendem Isolierband wasserdicht verschlossen werden. Da dieses Band nicht UV-beständig ist, sollte man diese Dichtstelle zusätzlich mit »normalem« Isolierband überdecken und dieses wiederum mit Kabelbindern, z. B. von HellermannTyton UV- und witterungsbeständig mit Glasfaserstift (schwarz), gegen Ablösung durch Seewasserbenetzung schützen, selbst wenn sich die Steckverbindung in verschlossenen Kisten befindet. Hier kann erhöhte Sorgfalt beim Einbau viel Ärger auf See verhindern.

Der Tuner selbst sollte ausschließlich ein automatischer Tuner sein. Manuell abzustimmende Tuner sind gerade bei schwerer See schlecht zu bedienen. Bei einem Frequenzwechsel muss die Antenne an die neue Sendefrequenz vor Benutzung erst erneut angepasst werden. Zudem kann auch bei einer festen Sendefrequenz eine Neuanpassung der Antenne, z.B. wenn das Segel von trocken nach nass wechselt, notwendig werden. Funkversuche ohne Tuner brauchen gar nicht erst versucht zu werden. In das Funkgerät eingebaute Tuner können wegen der benötigten Antennenkonfiguration auf einer Yacht ebenso wenig verwendet werden wie abgesetzte Tischtuner. Ein bekannter automatischer und abgesetzter Tuner ist der ICOM AT-141. Er hat die beste Performance, wenn er mit einem Funkgerät desselben Herstellers verwendet wird. Die Detailinformationen können den Datenblättern der Hersteller entnommen werden. Der Tuner selbst benötigt eine eigene Stromversorgung. Der Anschluss erfolgt an die gleiche Stelle im Bordnetz wie das Funkgerät, mit eigener Absicherung direkt an die Funkbatterie, und nicht etwa irgendwo in der Schalttafel. Ideal ist eine Stromversorgung direkt aus dem Transceiver heraus, sie sollte aber aus Gründen der Stromersparnis separat abgeschaltet werden können. Der Stromschalter für den Tuner sollte sehr gut sichtbar angebracht werden, damit nicht versehentlich vergessen wird, ihn vor dem Senden auch einzuschalten. Hilfreich sind auch ein Volt- und ein Ampere-Meter als Drehspuleneinbauinstrument in die Schalttafel, die ausschließlich für die Funkstation zuständig sind. So können Fehler leichter entdeckt werden. Sowohl Tuner als auch Funkgerät müssen sorgfältig geerdet werden. Um das Auftreten von Mantellwellen zu verhindern, wickeln Sie das Koaxialkabel am Tuner funkgerätseitig zu einer Spule von 10 cm Durchmesser und ca. 10 Windungen auf. Diese Spule stabilisieren Sie mit hochwertigen UV- und witterungsbeständigen Kabelbindern. Allgemein gilt, dass das Koaxialkabel weder geknickt noch verdreht werden darf. Der kleinste Biegeradius für das verwendete Kabel ist genau zu beachten und kann den jeweiligen Datenblättern des Koaxialkabels entnommen werden.

Es erfolgten hier nur Betrachtungen zu den Kurzwellen-Amateurfunkbändern. Möchten Sie zusätzlich UKW-Funkgeräte, Mobiltelefone oder das 6-Meter-Band verwenden, so können Sie oft auf kommerzielle Antennen zurückgreifen. Je höher die Frequenz ist, umso kleiner werden die Antennen und die Reichweite, aber umso größer die Dämpfung des Koaxialkabels und damit der Leistungsverlust, sowohl beim Senden wie auch beim Empfangen. RG-58 sollte im UKW-Bereich keine Verwendung finden. Hier sollten Sie auf das Aircell 7, das Sie möglichst schon bei den Kurzwellenbändern verwendet haben, zurückgreifen. UKW-Funkgeräte benötigen in der Regel keine Tuner und haben nur auf den ersten Blick eine kleinere Reichweite. Das Argument der kleineren Reichweite gilt insbesondere dann nicht, wenn Sie sich in Küstennähe im Einzugsgebiet eines D-Star-Umsetzers befinden. D-Star ist eine digitale Amateurfunkbetriebsart, die weltweite Kontakte in digitaler Sprachqualität zulässt. So können Sie sich vor der Küste der USA mit dem UKW-Funkgerät mit einer Amateurfunkstation irgendwo auf der Welt unterhalten, die ebenfalls im D-Star-Netz eingebunden ist. Sie lassen sich einfach »durchrouten«. Sie können auch gezielt eine andere Station rufen, obwohl Sie nicht wissen, wo sie ist. Beide Stationen müssen nur im D-Star-Netz eingeloggt sein, jeweils einen D-Star-Umsetzer »arbeiten« können und die gegenseitigen Rufzeichen kennen. Alles andere erledigt die D-Star-Infrastruktur vollautomatisch und weltweit. Mehrbandgeräte und Kombiantennen für verschiedene UKW-Amateurfunkbänder sind hier von Vorteil.

Ein kurzes Wort noch zum Einsatz des Mobiltelefons auf See. In Küstennähe ist man versucht, die Reichweite seiner »maritimen Mobilfunktelefonzelle«, sprich GSM-Handy, durch den Einsatz einer auf dem Masttopp montierten Antenne zu erhöhen. Nun kann es vorkommen, dass man bei kombiniertem Einsatz von geeignetem Handy und einer Außenantenne den Mobilfunkumsetzer mit starkem Signal hören und trotzdem kein Telefonat führen kann. Wie kann das sein? Dazu ist es wichtig zu verstehen, dass die GSM-Mobiltelefontechnik mit sogenannten Zeitschlitzen arbeitet. Das eigene Telefon sendet immer nur ganz kurz in einem bestimmten Zeitraster. Dieser Zeitschlitz ist derart kurz, dass bei den Laufzeiten der Wellen, obwohl sie sich mit Lichtgeschwindigkeit ausbreiten, diese Funkwellen eben einen Zeitschlitz zu spät am Mobilfunkumsetzer ankommen und nicht mehr berücksichtigt werden. Somit sehen Sie auf dem Mobiltelefon den Umsetzer mit vielleicht maximaler Feldstärke, können aber trotzdem nicht telefonieren. Deshalb ist die Idee, den Einzugsbereich Ihres GSM-Handys mit einer Masttoppantenne zu erweitern nur bedingt tauglich.

Die Erde

Es gibt von Yacht zu Yacht derart große Unterschiede, dass es kaum möglich ist, eine allgemeingültige Anleitung zur Erstellung eines Erdnetzes zu geben, das auf jeder Yacht optimal funktioniert. Ein nicht richtig funktionierendes Erdnetz oder eine nicht richtig geerdete Antenne kann zu Störungen anderer elektrischer Geräte an Bord führen. Ein theoretisch optimales Erdnetz beinhaltet eine möglichst große und gut leitende Fläche. Der Anschluss der Geräte an dieses Erdnetz sollte möglichst ohne große Übergangswiderstände erfolgen. Sie benötigen für die Erdung Ihrer Geräte eine leitende Verbindung zum Seewasser. Dies können Sie einerseits mit so genannten »Erdschwämmen« herstellen. In der Theorie wird durch das gesinterte Metall eine vergrößerte Oberfläche zum Seewasser geschaffen. Der Erdschwamm muss regelmäßig gesäubert werden, damit er seine Wirksamkeit behält. Als Skipper bevorzugt man möglichst wartungsfreie und lochfreie Erdungssysteme. Hier kommt Ihnen die Hochfrequenztechnik zu Hilfe. Obwohl Sie keine Verbindung mit einem Kabel oder ähnlichem durch den Rumpf des Schiffes haben, kann der Hochfrequenzstrom die Bordwand durchdringen, da sie einen Kondensator bildet, der für die Hochfrequenzströme durchgängig ist. Sie müssen hierzu nur die Innenseite des GFK-Rumpfes möglichst großflächig mit Kupferfolie belegen, und schon erhalten Sie einen Koppelkondensator zum Seewasser, ohne das Schiff jemals durchbohrt zu haben. Auch Metallschiffe haben keine direkt leitende Verbindung zum Seewasser, da die Anstriche auf dem Metallrumpf eine Isolation darstellen. Trotzdem bildet sich auch hier eben durch die Anstriche wieder ein Koppelkondensator aus. Für den GFK-Rumpf gilt: Am besten Kupferfolie von mehr als der halben Wellenlänge, d. h. für das 20-Meter-Band (=14 MHz) mindestens 10 Meter Länge von innen auf die Bordwand an Backbord und an Steuerbord kleben. Die Folien sollten, um sie vor Korrosion zu schützen, isoliert werden. Die beste Lösung ist, die Folien gleich beim Bau des Schiffes in die Bordwand einlaminieren zu lassen. Ziel ist es immer, eine möglichst große Fläche zu erreichen. Alle Metallfolien werden an einem zentralen Punkt zusammengeführt, dem zentralen Punkt des Erdnetzes. Von hier aus wird später der Tuner mit einer sehr gut leitenden Verbindung angeschlossen. Es wird nur der Tuner geerdet, nicht etwa noch das Funkgerät. Dieses erhält seine Erde durch den Schirm des Koaxialkabels vom Tuner zum Funkgerät. Der Bleikiel stellt keinen guten Koppelkondensator dar und ist deshalb nicht gut als Erde geeignet. Er kann jedoch zusätzlich zur Kupferfolie in das Erdnetz mit einbezogen werden. Je mehr Erdnetz, um so besser. So sollten auch metallische Wassertanks und der Motorblock mit einbezogen werden. Am zentralen Punkt des Erdnetzes löten Sie auf die Kupferfolie ein Kupferband von 30 bis 80 mm Breite und einer Dicke von ca. 2 mm. Die Kontaktstellen sind zu verlöten und nicht etwa mit Kabelschuhen zu stecken. Die Kontaktstellen werden dann mit UHU-Plus oder Silikon gegen Korrosion geschützt. Es darf auf keinen Fall Wasser in die Isolierungen des Erdnetzes eindringen. Falls der zentrale Punkt des Erdnetzes durch Korrosion zerstört würde, wäre alles umsonst gewesen. Das Kupferband wird bis zum Tuner geführt und dort mit dessen Erdanschluss verbunden. Falls die Amateurfunkanlage auf einem Aluminiumschiff installiert werden muss, sollten Sie kein Risiko eingehen und die gesamte Elektrik massefrei installieren, d.h. der Minuspol der Batterie bzw. alle Leitungen des Bordnetzes haben keinen Kontakt zum Metallrumpf. Wenn Sie diesen Aspekt außer Acht lassen, kann es zu Korrosion durch Elektrolyse kommen. Um die Massefreiheit auf dem Aluminiumschiff aufrecht zu erhalten, dürfen Sie nicht einfach den Erdanschluss an die Bordwand anschließen. Sie benötigen zwischen Bordwand und Erdleitung des Tuners Koppelkondensatoren. Diese trennen den unerwünschten Gleichstrom ab, und lassen den Hochfrequenzstrom passieren. Es könnten hier keramische Scheibenkondensatoren zum Einsatz kommen. Es werden zehn Stück dieser Kondensatoren (Einzelkapazitätswert: 3900 pF und 2500V Spannungsfestigkeit) zu einem parallelen Bündel zusammengelötet. Daraus ergibt sich ein Gesamtkondensator von 39 nF und 2500V Spannungsfestigkeit. Dieses Kondensatorbündel wird zwischen dem Erdanschluss des Tuners und das Kupferband, das zum Metallrumpf führt, sehr gut verlötet. Die Verbindung des Kupferbandes wiederum zum Aluminiumrumpf kann nicht gelötet werden. Sie wird verschraubt und mit Silikon versiegelt.

Den Umfang seiner Amateurfunkstation, d. h. welche Funkgeräte und welche Zusatzgeräte sie beinhalten soll, legt jeder Funkamateur nach seinen persönlichen Erfordernissen fest. Mindestausstattung ist eine Antenne, ein Funkgerät und ein abgesetzter Automatik-Tuner. Ein Laptop, ein Modem und vieles mehr erhöhen den Spaß am Amateurfunk und erweitern die Kommunikationsmöglichkeiten über den reinen Sprechfunk hinaus.

Fehlersuche und Messgeräte

Bevor Sie an einen Fehler in den Geräten denken, sollten Sie eine Fehlbedienung der Geräte ausgeschlossen haben. Prüfen Sie zunächst, ob die Batteriespannung beim Senden nicht zusammenbricht (= mögliche Senderaussetzer). Dazu messen Sie mit einem Multimeter die Batteriespannung beim Senden direkt an der Batterie und auch direkt am Funkgerät. Die Stromversorgungskabel von der Batterie zum Funkgerät sollten möglichst kurz und dick sein. Ein Querschnitt von ca. 16 mm^2 sollte nicht unterschritten werden. Die Absicherung der Stromversorgung sollte nahe der Batterie erfolgen. So kann dies im Falle eines Kurzschlusses durch abgelöste Kabel einen Kabelbrand verhindern.

Können Sie Fehler in der Stromversorgung ausschließen, erfolgt die weitere Fehlersuche im Antennensystem. Dazu benötigen Sie ein Stehwellenmessgerät. Es gibt davon zwei Arten: eines, das für jede Messung kalibriert werden muss, und andererseits die Kreuzzeigerinstrumente, die keiner Kalibrierung bedürfen. Kreuzzeigerinstrumente sind zu bevorzugen. Sie haben sich beim Kauf davon überzeugt, dass es für den zu verwendenden Frequenzbereich und die benötigte Sendeleistung geeignet ist. Auch das zusätzliche Koaxialkabel zum Einschleifen des Stehwellenmessgerätes sollte an Bord sein. Falls Sie zusätzlich UKW-Amateurfunkanlagen an Bord haben, sollte das Stehwellenmessgerät auch den UKW-Bereich beherrschen. Ein zu hoher SWR-Wert (SWR >2) bedeutet, dass zu viel Sendeleistung zum Funkgerät zurückfließt und eben nicht über die Antennen abgestrahlt wird. Dies kann von einer nicht eingeschalteten Stromversorgung des Tuners herrühren, von Gegenständen, die die Antenne berühren, von Kontaktproblemen zwischen Tuner und Antenne, zwischen Funkgerät und Tuner oder in der Erdleitung. Zuletzt erst denken wir an einen defekten Tuner selbst. Sollten Sie im Hafen neben einem anderen Funkamateur liegen, wird dieser uns auf Nachfrage gern bei der Fehlersuche behilflich sein. Dies gebietet die gegenseitige Hilfsbereitschaft unter Funkamateuren, die ein Bestandteil des Ehrenkodex der Funkamateure, »HAM-Spirit« genannt, ist.

Welche Lizenz ist erforderlich?

Es gibt zur Zeit (2011) zwei Genehmigungsklassen: Klasse A und Klasse E. Sendeaktivitäten ohne Amateurfunkgenehmigung werden von Funkamateuren in keiner Weise toleriert und sind illegal.

Um die für Ihre Erfordernisse nötigen Frequenzen nutzen zu können, benötigen Sie die Klasse A. Das Amateurfunkzeugnis der Klasse A berechtigt zum Amateurfunk-Sendebetrieb auf allen zugelassenen Amateurfunk-Frequenzbändern. Die Amateurfunkfrequenzen liegen in Teilbereichen des Frequenzbereiches von 135,7 kHz bis über 250 GHz. Dies entspricht Wellenlängen von 2,2 km bis unter 1 mm. Die Sendeleistung ist für die Klasse A auf maximal 750 Watt begrenzt.

Prüfung

Die Prüfung für das Amateurfunkzeugnis findet in einer der Außenstellen der Bundesnetzagentur statt. Die Bundesnetzagentur ist in Deutschland die Behörde, die die staatlichen Prüfungen für die Amateurfunkzeugnisse abnimmt. Die Prüfung wird nach dem Multiple-Choice Verfahren durchgeführt. Bei der Prüfung werden die Themenbereiche, Amateurfunk-Technik, Amateurfunk-Betriebstechnik und Amateurfunk-Vorschriften und -Gesetze geprüft. Die Prüfungsfragen liegen in einem Fragen- und Antworten-Katalog vor, der von der Bundesnetzagentur herausgegeben wird.

Für die Klasse A enthalten die Kataloge ca. 1600 Fragen im Bereich Technik und 380 Fragen im Bereich Betriebstechnik und Vorschriften. Zu jeder Frage werden vier Antworten angeboten. Nur jeweils eine der Antworten ist richtig. Um sich auf die Prüfung erfolgreich vorzubereiten, sind die Fragenkataloge der Bundesnetzagentur (BNetzA) sehr hilfreich. Zusätzlich sollte ein Prüfungsvorbereitungskurs besucht werden. Auf der Homepage des DARC werden Vorbereitungskurse aufgelistet. Es ist auch empfehlenswert, sich einer lokalen Amateurfunkvereinigung schon vor der Prüfung anzuschließen. So bekommt man den nötigen Zugang zum Amateurfunk hautnah vermittelt und hat immer hilfsbereite Ansprechpartner. Es ist auch bei einem Funkamateur mit Ausbildungsrufzeichen möglich, den Amateurfunk praktisch und unter Aufsicht einmal auszuprobieren.

Interessante Internetseiten zum Thema:

www.bundesnetzagentur.de
Gesetze und Bestimmungen

www.darc.de, E-Mail: darc@darc.de
Dachverband der Funkamateure in Deutschland

www.intermar-ev.de
Informationen zu Amateurfunk und See

www.oevsv.at, E-Mail: webmaster @ oevsv.at
Österreichischer Versuchssenderverband (ÖVSV), Dachverband der Funkamateure in Österreich

www.uska.ch, E-Mail: sekr@uska.ch
Union Schweizerischer Kurzwellen-Amateure (USKA), Dachverband der Funkamateure in der Schweiz.

www.icomeurope.com, E-Mail: info@icomeurope.com
Icom (Europe) GmbH

www.kenwood.de, E-Mail: info@kenwood.de
Kenwood Electronics Deutschland GmbH , Hersteller von Funkanlagen

www.kabel-kusch.de, E-Mail: Kusch@kabel-Kusch.de
Kabel-Kusch, Händler für Kabel und Stecker

www.hellermanntyton.de, E-Mail: info@HellermannTyton.de
HellermannTyton GmbH, Hersteller von Kabelbindern.

www.yachtfunk.com, E-Mail: joerg.drexhagen@t-online.de
Yachtfunk.com, Einbau und Spezialzubehör für Funk auf See

www.scs-ptc.com, E-Mail: info@scs-ptc.com
SCS Special Communications Systems GmbH & Co. KG, Hersteller des Pactorcontrollers

Wetter

Um Wetterinformationen für den geplanten oder den laufenden Törn zu bekommen, gibt es allerlei Möglichkeiten.

Über Funk und die für Ihr Fahrgebiet entsprechenden Wetterkanäle ist die eine Möglichkeit. Die anderen sind schlicht Aushänge beim Hafenmeister, das Radio, TV, das Internet, Navtex, es gibt Anbieter, die Ihnen das Wetter per SMS schicken, und schließlich geht das alles auch über den Bordlaptop.

Eine Möglichkeit ist es, GRIB-Daten zu bekommen. Je nach dem, wie gut Ihre Software ist, kann sie aus dem Datenwust eine übersichtliche Wetter- und Strömungskarte darstellen.

GRIB ist eine Art, Daten zu verpacken, damit elektronische Geräte etwas damit anfangen können. Solange Sie sich diese Bezeichnung merken können, müssen Sie nichts weiter darüber wissen. Für den Anwender reicht es zu wissen, dass GRIB-Daten unter Meteorologen ziemlich weit verbreitet sind. Haben Sie also ein Gerät, das GRIB-Daten verwerten kann, haben Sie ein ziemlich alltagstaugliches Gerät.

Für rund 140 Euro (2011) bekommen Sie eine Software von der Firma WetterWelt; die von dem unter Bootsfahrern bekannten Meteorologen Meeno Schrader betrieben wird. Die Software gibt es für Windows bis Win7 und für den Mac (OS 10.4). Die Software macht aber nur Sinn, wenn Sie regelmäßig mit den neuesten Wetterdaten gefüttert wird. Wetterwelt bietet an, diese Daten weltweit zu verschicken. Das geschieht über E-Mail und das normale Internet und über Pactor. Die Daten, die Sie bekommen können, bestehen aus:

- der mittleren Windrichtung für Ihr Gebiet.
- den Windspitzen.
- den Wellenhöhen.
- der Wellenrichtung.
- der Temperatur.
- der Strömung.
- der mittleren Windgeschwindigkeit.
- den Isobaren.
- dem Wetterzustand.

Sie brauchen diese Daten nicht selbst auszuwerten; das übernimmt die Software für Sie. Sie zeichnet Ihnen die nötigen Angaben auf den Bildschirm.

Es gibt eine weitere Software von Maxsea, die einen beachtlichen Umfang bietet. Das Programm verknüpft viele Informationen und bietet dann Be-

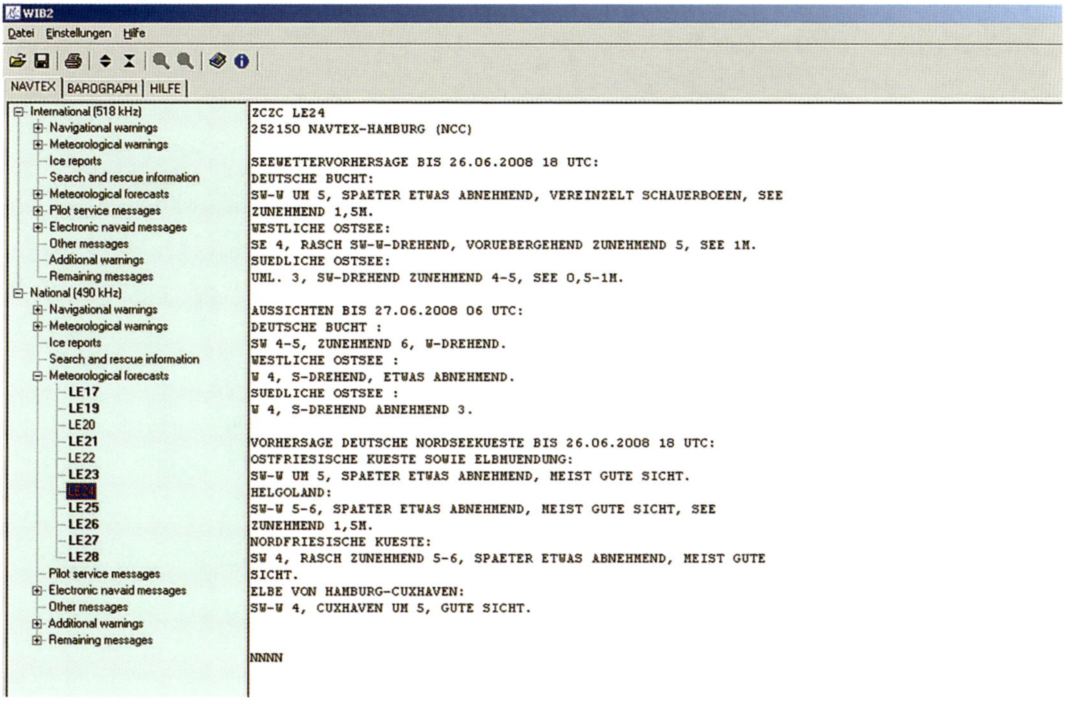

Ein Wetterbericht über Navtex – eingespielt in den Bordlaptop. (Mit freundlicher Genehmigung von Mörer Schiffselektronik, Buchholz)

achtliches. So können Sie darin die Polardaten Ihres Schiffes eingeben. Polardaten sagen etwas darüber aus, wie schnell Ihr Segelboot bei welchem Wind und bei welchem Kurs ist. Maxsea verdaut dieses Polardiagramm und die Wetterdaten und liefert Ihnen dann einen Tipp, wie Sie unter den gegebenen Bedingungen am schnellsten zu Ihrem Ziel kommen.

Für Wetterinformationen über das Internet benötigen Sie also entweder:

- einen internetfähigen PC an Bord,
- eine Internetverbindung,
- die Software für die Wetterdaten oder
- einen Vertrag mit dem Datenanbieter über die Lieferung von Wetterdaten.

Oder Sie sind Amateurfunker. In diesem Fall können Sie die Wetterdaten auch über PACTOR empfangen. Dazu benötigen Sie

- eine komplette Amateurfunkanlage,
- ein PACTOR-Modem,
- die Software für die Wetterdaten und
- einen Vertrag mit einem Anbieter für Wetterdaten.

Die meisten Bootsfahrer werden sich für die Variante interessieren, die über das Internet funktioniert.

Haben Sie die technischen Einrichtungen, dann schließen Sie ein Abkommen mit dem Wetterdatenanbieter. Das kann für Otto Normalsegler so aussehen, dass er etwa 40 Tage lang Wetterinformationen bekommt. Alternativ geht der Vertrag auch über ein halbes oder ganzes Jahr. Voraussetzungen ist immer, dass Sie einen Internetzugang haben. Sind Sie also auf einen Netzzugang im Hafen angewiesen, und dann können Sie auch nur dort das aktuelle Wetter bekommen.

Eine andere Lösung bietet die Firma Weatherinfobox an. Sie vertreibt kleine Kästchen etwa von der Größe einer Zigarettenschachtel. Diese Kästchen haben unterschiedliche Wettertalente. Ein solches Kästchen für rund 200 Euro empfängt Daten des Deutschen Wetterdienstes. Es hat ein eigenes Minidisplay und ist somit autark. Es liefert den Wetterbericht und einen Barographen.

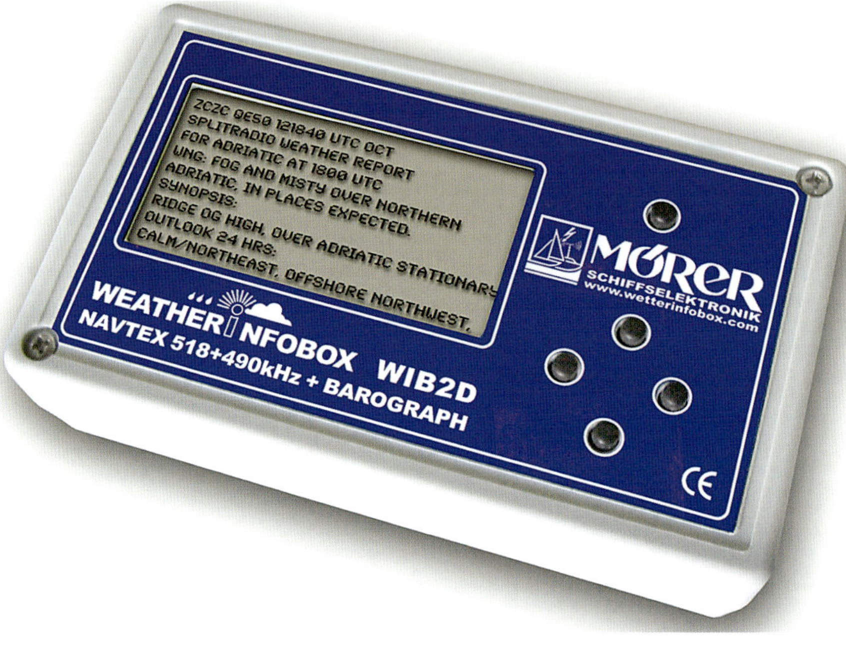

Miniwetterempfänger zum Mitnehmen für die Hosentasche. (Bild mit freundlicher Genehmigung der Firma Mörer Schiffselektronik)

Einbau/Installation

Hier ist nichts zu installieren. Die Version ist interessant für Besitzer kleiner Boote. Das Kästchen nimmt man mit, versorgt es über das Bordnetz oder die USB-Schnittstelle mit Strom, und dann arbeitet es vor sich hin. So ein Kästchen gibt es auch als Navtexempfänger, der Wetterwarnungen und Prognosen liefert.

Wer einen Laptop an Bord hat, der interessiert sich vielleicht für diese Kästen, die als Blackbox dienen: Sie werden über USB an den PC angeschlossen. Die Software zur Aufbereitung der Daten ist im Lieferumfang enthalten.

Hier stößt man auf ein Kabelproblem, das in Zusammenhang mit Laptops immer wieder auftaucht: Einbauelektronik, die für den Anschluss an einen Computer vorgesehen ist, verwendet gerne die Schnittstelle »RS 232«. Diese war mal Standard bei Computern, ist es aber längst nicht mehr. Die PC-Hersteller haben sich auf USB-Anschlüsse geeinigt. Wer also noch ein Gerät hat, das seine Daten über die RS 232 verschickt, braucht einen Wandler, der die Informationen so aufbereitet, dass man sie über den USB-Anschluss einspeisen kann.

Interessante Internetseiten zum Thema:

www.maxsea.com
Anbieter einer umfangreichen Software für Navigation mit AIS-Einbindung und Berücksichtigung des Wetters.

www.tripcon.de
Tripcon bietet PC-basierte Informationspakete, die sowohl Standortbestimmung als auch Wetter und noch einiges mehr umfassen. Zu dem »einigen mehr« gehört etwa die Möglichkeit, ein elektronisches Logbuch zu führen oder Törninformationen auf eine Homepage zu schicken.

www.wetterwelt.de
Übersicht und Angebot der Firma Wetterwelt. Sie vertreibt Software zur Auswertung von Wetterdaten sowie aktuelle Wetterdaten.

www.wetterinfobox.com
Anbieter verschiedener kleiner Produkte zum Thema Wetter an Bord.

Die meisten solcher kleinen Wetterstationen sind nicht genauer als die Wetterhütten für die Wohnzimmerwand, die es früher gab.

Tragbare Wetterstationen

Die bekannten Yachtausrüster Lidl und Aldi haben sie immer mal wieder im Programm, und beim Elektronikhändler ist die Auswahl an verschiedenen Geräten groß: Funkwetterstationen. Mit Außen- und Innensensor und sogar Regenmessgerät liefern sie aktuelle Wetterdaten vor Ort. Dazu kommen noch hübsch animierte Bildchen über das zu erwartende Wetter.

Bei dieser Art Funkwetterstationen bezieht sich das Funken allerdings auf die Daten der Außensensoren etwa zur Temperatur– und nicht etwa auf irgendwelche Wetterprognosen. Die Bilder von Wolken, Regen oder Sonne auf dem Display kommen ganz einfach aus dem internen Barometer.

Kann man das an Bord brauchen? Nur so gut wie das Messingbarometer im Salon oder die veralteten Häuschen, aus denen je nach Luftdruck ein Mann mit Regenschirm oder eine Frau im Sommerkleid im Türchen erschien. In etwa liefern die Geräte einen Trend – aber sie ersetzen keine Wettervorhersage.

Manche Wetterstationen zeigen den Luftdruck noch nicht einmal an, sondern liefern nur Wolken- oder-Sonne-Bilder. Die Geräte werden dadurch kalibriert, dass man beim ersten Aufstellen des Gerätes wählt, ob nun die Sonne scheint, es bewölkt ist, oder ob es regnet. Das ist schon viel zu ungenau, denn die Sonne kann bei 1000 hP genauso scheinen wie bei 1013.

Diese kleinen Wettergehirne laufen noch weiter ins Leere, wenn Sie sie zuhause auf beispielsweise 300 m ü NN auf das richtige Wetter eingestellt haben und sie dann mit an Bord nehmen, um sie dort zu nutzen. Der Luftdruck wird nicht nur durch Hoch- und Tiefdruckgebiete beeinflusst, sondern auch durch die Höhe über dem Meeresspiegel. Das gilt im übrigen auch für Barometer. Letztlich sind die meisten Funkwetterstationen ein nettes Gimmick, aber nichts, um verlässliche Wetteraussichten für einen Bootstörn zu liefern.

Es gibt auch Anbieter, die Funkwetterstationen verkaufen, die ihre Wetterinformationen per Funk bekommen. Deren Prognosen sind deutlich genauer, da die Daten von Meteorologen erstellt werden, und diese Daten werden an die Wetterstation verschickt. Letztlich ist es also ein vergleichbares System wie die oben erwähnten Wetterboxen.

Andere nutzen das nicht mehr benötigte Netz, auf dem vor einiger Zeit noch Pagernachrichten gesendet wurden, um echte Wetterdaten an entsprechend ausgerüstete Wetterstationen zu verschicken.

Interessante Internetseiten zum Thema:

http://www.wetterstationen.info/stationen.php
Testsammlung zum Thema Wetterstationen

http://www.meteotime.com/web/
Anbieter von Wetterstationen, die meteorologische Wetterdaten per Funk empfangen.

http://www.wetterdirekt.com/
Anbieter von Wetterstationen, die Daten über das Pagernetz empfangen.

Windmesser

Wenn Sie wissen wollen, woher der Wind weht, benötigen Sie im Grunde kein elektronisches Equipment. Jollensegler machen es vor: Ein simpler Verklicker besteht aus etwas Draht und einem stabilen roten Stück Kunststofftuch. Montiert man das im Masttopp, hat man eine für das Segeln ausreichend genaue Information darüber, woher der Wind weht. Auch wie stark der Wind in etwa ist, können Sie bei etwas Segelerfahrung hinreichend genau abschätzen.

Elektronische Systeme kommen ins Spiel, wenn Sie es ganz genau wissen wollen: Mit wieviel Knoten weht der Wind, aus welcher Richtung, und mit welchem Kurs fährt mein Boot am schnellsten zum ausgemachten Ziel.

Dazu gibt es Windmesser, die die Information oben am Mast sammeln und sie per Funk oder Kabel in die Naviecke weitergeben.

Die Daten kommen in der Regel als NMEA-Daten dort hin. Also in dem Datenformat, dass es sich im Bootsbereich als Standard durchgesetzt hat. Sinnvoll ist das zum Beispiel für Regattasegler.

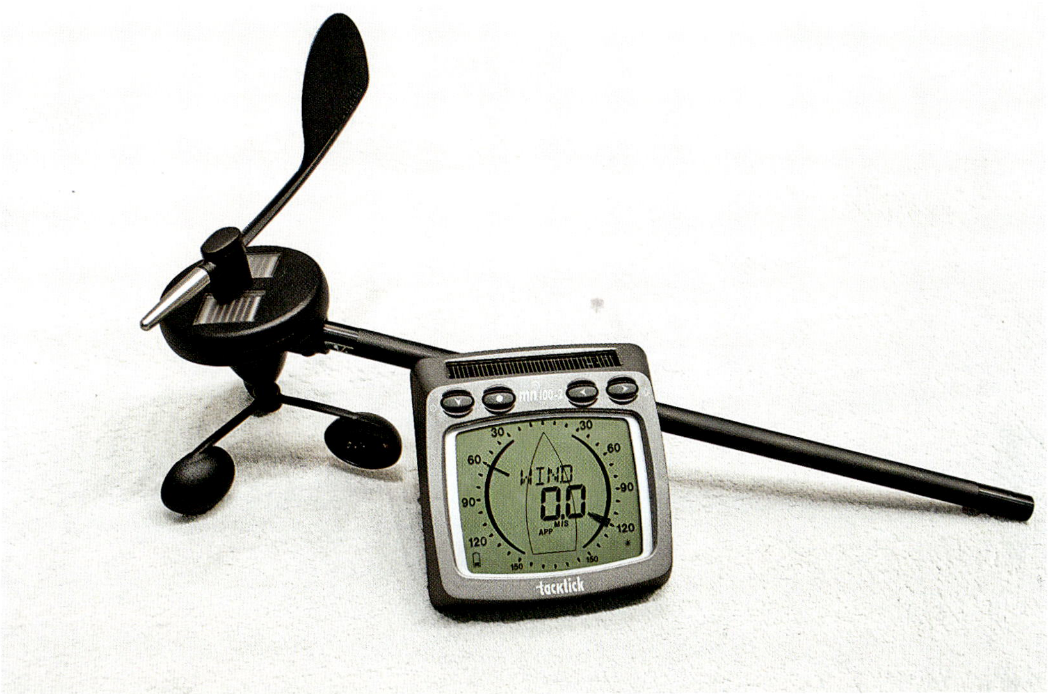

Eine kabellose Windmessanlage. Im Masttopp einbauen, Anzeigegerät in die Instrumentenkonsole setzen, und das Gerät funktioniert.

Dabei ist eine kabellose Installation verlockend, wenn man sich so ein System sowieso neu anschaffen will; kein Strippengedöns, das zusätzlich im Mast untergebracht werden will. Einfach die Messanlage im Mast montieren und unten das Windmessgerät einbauen.

Einbau/Installation

So lange man nur die genaue Windgeschwindigkeit und -richtung ablesen will, ist ein Komplettsystem unkompliziert eingebaut. Um die Winddaten in einen Plotter oder einen PC zu bringen, benötigen Sie zusätzlich noch einen Wandler, der die Funksignale in NMEA-Daten verwandelt.

Die Windmessanlagen sind von Haus aus leicht konstruiert. Das ist auch nötig, weil durch die Hebelwirkung im Masttopp enorme Schwingungen auftreten.

Achten Sie beim Kauf darauf, dass ein Anbaukit für das Masttopp dabei ist. Ansonsten müssen Sie es zusätzlich kaufen.

Die Befestigung erledigt man bei einem Alumasten gut mit Blindnieten und einer Blindnietenzange. Sie bohren der Nietengröße entsprechende Löcher vor, setzen die Halterung an und befestigen die Nieten mit Hilfe der Zange. All das geschieht am besten bei gelegtem Mast im Winterlager.

Haben Sie eine Windmessanlage mit Kabel erworben, müssen Sie das noch durch den Mast bekommen. Benutzen Sie ein Ziehband oder aber eine dünne Leine, die Sie vorher durch die Mastlänge durch fädeln. Das geschieht am besten mit einem Gewicht an einem Ende der Leine.

Bei der Verbindung vom Mast zur Navigationsecke kommen Sie um einen Durchbruch durch das Kajütdach nicht herum. Verlegen Sie das Kabel von vorne herein so, dass an der Durchbruchstelle ein verschraubbarer Stecker ist. Nur so vermeiden Sie Schwierigkeiten beim Legen des Masten.

An einem Holzmasten können Sie die Halterung am Topp anschrauben – achten Sie hier auf ausreichend lange und starke Schrauben, damit die Befestigung gut hält.

Kabelführung vom Mastfuß: Am besten über einen verschraubbaren Stecker. So kommt das Signal in die Naviecke.

Satellitenfernsehen an Bord

Das Innenleben eines Satellitendomes für Boote, die Kuppel für den Wetterschutz ist abgenommen. Der Empfänger kann Wellenbewegungen und Positionsänderungen ausgleichen – TV total auch am Kap Hoorn …

Die einen meinen, das Meer oder der See, auf dem man sich befindet, bieten genügend spannende Bilder. Der andere mag auf seinen Fernseher trotzdem nicht verzichten.

Da ein Kabelanschluss aus nachvollziehbaren Gründen auf dem Boot ausfällt, bleibt noch die Satellitenschüssel. Das grundlegende technische Problem ist schnell klar: Die Satellitenschüssel muss auf den Astrasatelliten ausgerichtet sein. Wer zuhause schon einmal seine Satellitenschüssel millimeterweise auf optimalen Empfang hin ausgerichtet hat, ahnt, dass alleine Wellengang oder Schwell im Hafen ein massives Problem für den Empfang bedeuten – von Fahrt gar nicht erst zu reden.

Im Fachhandel gibt es Satellitenschüsseln, die automatisch Wellen und Bootsbewegungen ausgleichen. Das System besteht aus einem »Dom« genannten Gehäuse; in ihm ist die Sat-Schüssel untergebracht. Die Dome unterscheiden sich in ihrer Größe; es gibt sie etwa mit 42 cm Schüsseldurchmesser, 47 und 53 cm. Der Unterschied liegt im Empfangsbereich: Mit der kleinsten Schüssel des Anbieters können Sie auf der Ostsee glücklich werden. Liegt Ihr Boot aber in Griechenland, benötigen Sie eine größere Variante.

Wer sich so ein System anschaffen will, muss mit Kosten ab ca. 3100 Euro für die Sat-Empfangsanlage rechnen. Im Paket ist der Dom, das Antennenkabel, der Receiver und die Infraroteinheit. Sie müssen also für ein TV-Gerät sorgen sowie für ein Scartkabel, um das System ans Laufen zu bekommen.

Benötigen Sie eine Montageplatte für den Dom, dann kommen weitere Kosten in Höhe von rund 400 Euro auf Sie zu.

Vor dem Kauf sollten Sie abklären, welche Schüssel man für das Gebiet benötigt, in dem Sie segeln.

Die gelbe Markierung sagt etwas über die Reichweite. Also: Vor dem Kauf besprechen Sie mit dem Händler, ob Ihr Fahrgebiet jeweils abgedeckt wird. (Bild mit freundlicher Genehmigung der Fa. Ten Haaft Gmbh, Neulingen-Göbrich)

Einbau/Installation

Was benötige ich alles, um an Bord Fernsehen haben zu können?

- Den Dom zur Befestigung an einem Geräteträger oder etwa an einer Saling.
- Unter Umständen eine Montageplatte für den Dom.
- Ein Antennenkabel vom Dom zum Bootsinneren.
- Ein Receiver, der das Sat-Signal vearbeitet und zum TV schicken kann.
- Ein Scartkabel als Verbindung zwischen Receiver und TV.
- Einen Infrarotempfänger für die Fernsteuerung.

Beim Aufbau des Doms sollten Sie vor allem auf Nachbargeräte achten: Einen Radarsender nebenan verträgt die Satschüssel nur, wenn sie mindestens etwa 1,5 m entfernt ist.

Für die bestmögliche Empfangsqualität sollte der Dom so hoch wie möglich angebaut sein. Da sich bei Seglern im Masttopp schon Funk-, GPS- und AIS-Antenne drängeln können, wird es bei vielen wohl auf eine Montage an der Saling hinauslaufen.

Interessante Internetseiten zum Thema:

www.ten-haaft.com
Anbieter von Komplettlösungen für Satellitenempfang an Bord.

Antennensplitter

Antennensplitter nutzen die Tatsache, dass Funk, UKW-Radio und AIS die Signale jeweils auf UKW-Frequenzen übertragen. Die Idee ist es, eine Antenne im Masttopp zu haben anstatt zwei oder drei. Oder anders: Wenn im Masttopp neben der UKW-Funkantenne kein Platz mehr ist, bleibt Ihnen nichts anderes übrig, als die AIS-Antenne an einen niedrigeren Punkt anzubauen – etwa der Saling. Da aber die Montagehöhe in direktem Zusammenhang mit der Reichweite steht, gilt grundsätzlich auch für die AIS-Antenne, dass sie am besten am höchsten Punkt montiert wird. Der Splitter macht, was sein Name schon andeutet: Er teilt die Signale jeweils an die passenden Empfänger auf.

Interessieren Sie sich für so ein Gerät, müssen Sie auf die technischen Hinweise achten: Es gibt Geräte, die nur mit einem AIS-Empfänger verwendet werden können, andere dagegen kann man auch mit einem AIS-Sender verwenden.

Es gibt Splitter für die Kombination Funk/AIS, aber auch solche für die Dreierkombination Funk/AIS/Radio.

Technisch gesehen muss man beim Einsatz eines Splitters Leistungseinbußen in Kauf nehmen, da das eingehende Signal ja geteilt wird. Segler berichten allerdings, dass diese Einbußen in der Praxis nicht von Bedeutung sind. Wer dies trotzdem vermeiden möchte, kann sich für einen Splitter entscheiden, der die eingehenden Signale verstärkt.

Einbau/Installation

Der Einbau gestaltet sich sehr einfach. Sie schrauben den Splitter dort an, wo Platz ist und wo gleichzeitig das Antennenkabel ankommt. Das Antennenkabel wird in den Splitter gesteckt. Mit zwei weiteren Antennenkabeln verbinden Sie normalerweise die jeweilige Buchse des Splitters mit dem Funkgerät und mit dem AIS-Gerät. Auf dem Bild unten ist das im Prinzip genau so. Sie sehen nur deswegen keinen Antennenstecker für das Funkgerät, weil an seiner Stelle ein fest installiertes Kabel abgeht.

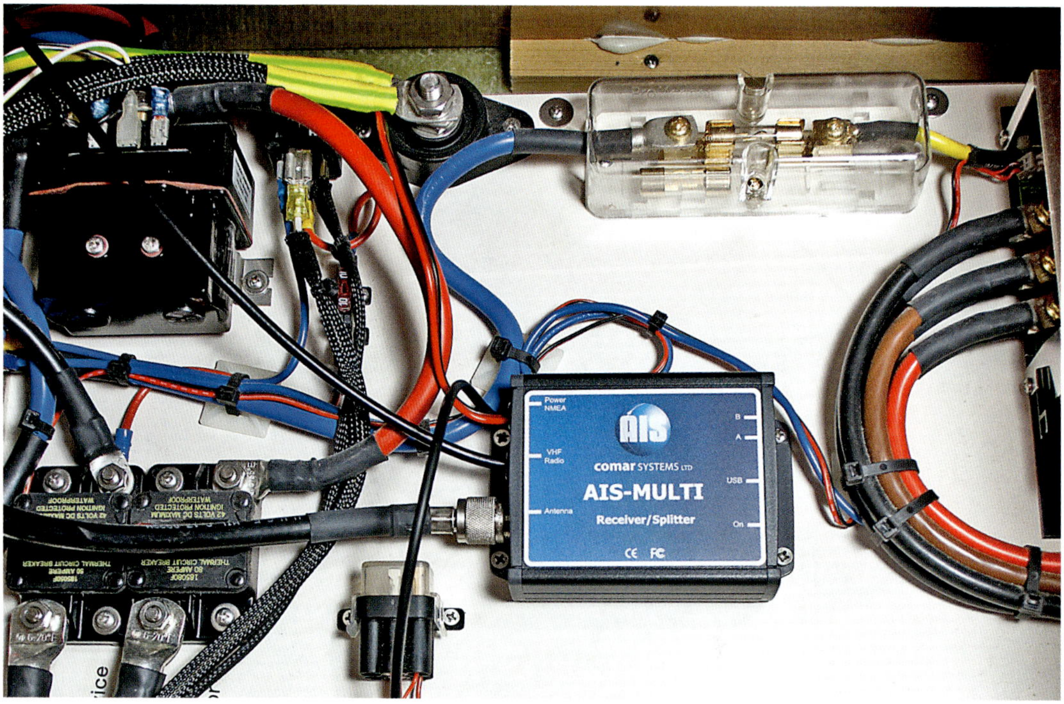

Einbausituation eine Splitters: Es handelt sich hier um ein Kombigerät. Der Splitter ist in das AIS-Gerät schon integriert.

DATEN-AUSTAUSCH/NETZWERK

2

Bus-Systeme

Der Begriff kommt aus der Computertechnik. »Bus« geht wahrscheinlich (ganz sicher kann man das nicht sagen) auf das englische Wort »busbar« zurück, was übersetzt »Sammelschiene« bedeutet.

Bus-Systeme sind dazu da, mehrere Geräte elegant miteinander zu verbinden. Das funktioniert in der Regel über einen Leitungsstrang, an den die Geräte alle angeschlossen werden. Der Leitungsstrang zieht sich von vorne bis nach hinten durch das gesamt Boot. Als Begriff dafür hat sich das englische Wort »Backbone« – auf Deutsch: Rückgrat – eingebürgert. Diesen Leitungsstrang kann man gut mit dem Nervensystem bei Lebewesen vergleichen.

Der besondere Charme eines Bus-Systems: Ist es einmal installiert, kann man es ohne großen Aufwand nahezu beliebig erweitern. Und das bedeutet: Ein neues Gerät wird einfach in die Bus-Leitung eingeklinkt, und schon kann es am Datenverkehr teilnehmen.

Im Bootsbereich versorgt die Bus-Leitung die Geräte zum einen mit dem Strom, den sie brauchen, um überhaupt arbeiten zu können. Zum zweiten werden über die Bus-Leitung Datenpakete verschickt. Um das zu schaffen, benötigt man neben dem »Nervensystem« noch ein »Gehirn«, das durchschaut, welche Geräte überhaupt angeschlossen sind, wie man die Daten auswertet und sinnvoll verknüpft.

Um die Leistungsfähigkeit eines Bus-Systems zu verstehen, stellen wir eine einfach Aufgabe: Wir möchten gerne ein GPS-Gerät nutzen, das uns unsere Position auf einer Karte anzeigt. Noch schöner wäre es, wenn auf demselben Bildschirm, der uns die Seekarte mit unserem Boot auf der richtigen Position anzeigt, auch noch die Daten des Radargerätes sinnvoll integriert werden. So können wir prima und auf einen Blick erkennen, was da alles unseren Weg kreuzt.

Genau dafür ist das Bus-System da: GPS und Radar werden an dasselbe Nervensystem angeschlossen. Die Anschlüsse können an beliebiger Stelle erfolgen – es muss eben nur die Bus-Leitung sein. Die Anschlussstellen nennt man Knotenpunkte.

In der Praxis sieht das so aus, dass an dieser Stelle eine Steckerkombination eingefügt wird – meist handelt es sich um ein T-förmiges Stück; dieses Stück bietet einen Anschluss für das neue Gerät, dass Sie in den Bus integrieren wollen, und es bietet Anschlüsse für die Bus-Leitung, die ja links und rechts weiter läuft.

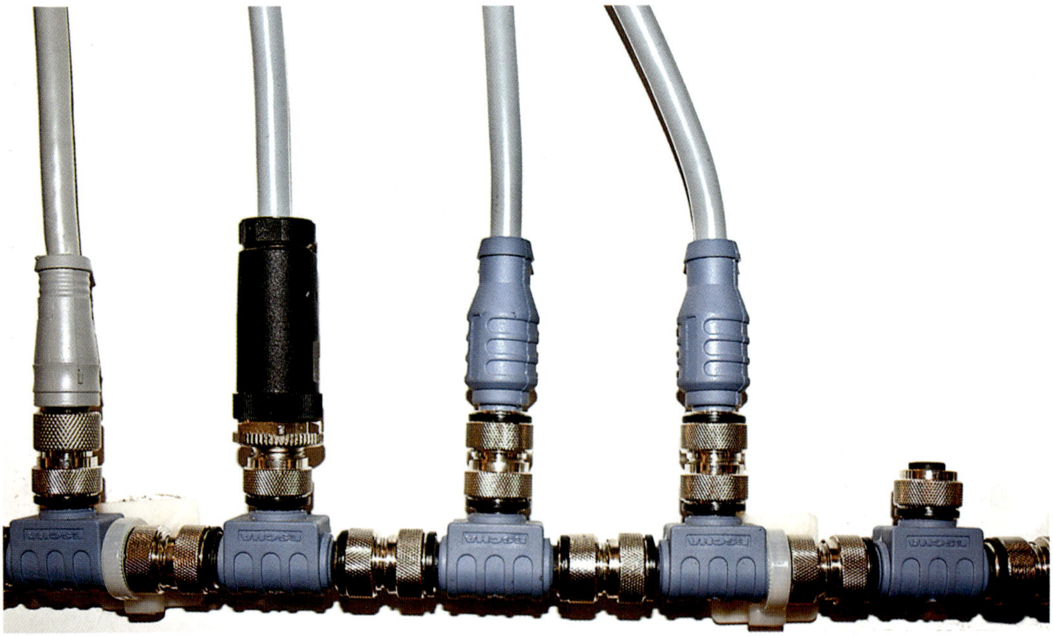

Das sind die Knotenpunkte in einem Netzwerk: T-Stecker, die in die Bus-Leitung eingeklinkt sind und Verbindung zu den angeschlossenen Geräten schaffen.

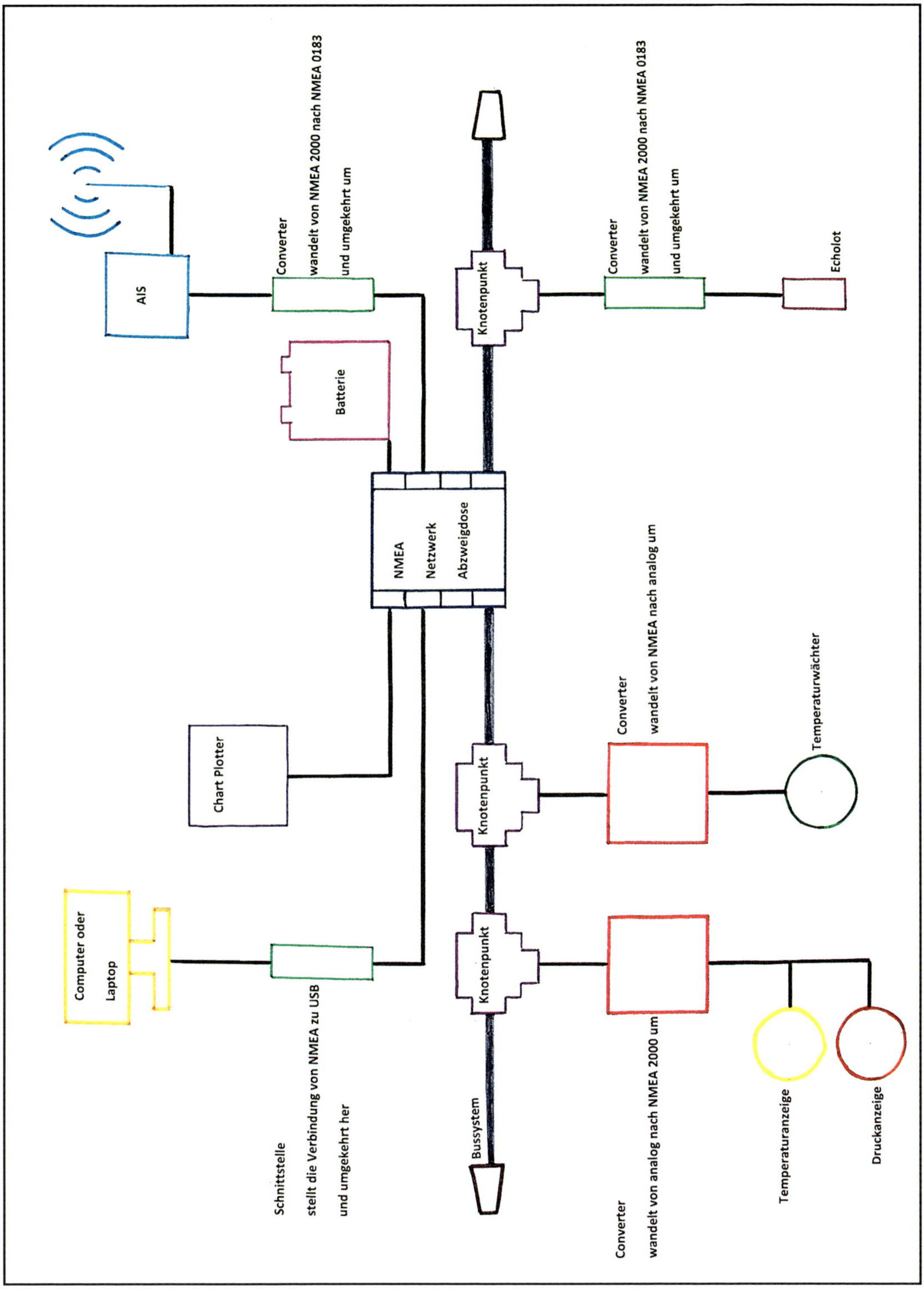

Schemazeichnung eines NMEA 2000-Netzwerkes

Für die simple Verbindung zweier Geräte braucht man nicht unbedingt ein Bus-System in seinem Boot. Seine Stärken spielt es erst aus, wenn noch mehr Informationen verarbeitet werden müssen.

Erweitern wir also unsere Aufgabe: Zu unserer Gerätekombination aus GPS und Radar kommt noch ein Autopilot dazu. Auf einem Segelboot ersetzen wir den einfachen Windanzeiger im Masttopp zusätzlich durch einen busfähigen Windanzeiger.

Spätestens wenn der Gerätepark auf diese Weise angewachsen ist, kommt noch ein weiterer Vorteil ins Spiel, den die Bus-Technologie ganz nebenbei liefert: Sie sparen nicht unerhebliche Meter an Kabelwegen ein.

Im Idealfall können Sie nun erreichen, dass die Elektronik folgendes für Sie regelt: Sie haben im GPS Wegepunkte eingegeben, um am Ende des Tages einen anderen Hafen erreichen zu können. Mit Hilfe des Autopiloten steuert die Elektronik diese Wegepunkte einen nach dem anderen an. Meldet das Radar Ihnen Hindernisse, umfährt der Autopilot diese Hindernisse, um danach wieder auf den Sollkurs zu gehen. Damit ist die elektronische Zauberei noch nicht am Ende, denn jetzt kommt der Windanzeiger mit ins Spiel: Auch dessen Daten werden ausgewertet. Nun berücksichtigt das »Gehirn« den Sollkurs, die Hindernisse und den Wind, denn schließlich können Sie mit einem Boot unter Segeln nicht genau nach Westen fahren, wenn der Wind exakt aus der Richtung kommt.

Genau diese ausgefuchste Technik existiert schon auf Booten. Es handelt sich hier allerdings auch um die Luxusversion der computergesteuerten Navigationstechnik. Und die will nicht unbedingt jeder an Bord haben, da ein Großteil des Spaßes beim Bootfahren ja darin besteht, selbst zu steuern – und nicht darin, ein Rechenzentrum zu beaufsichtigen.

Das Beispiel dient hier der Verdeutlichung und lässt sich noch weiter treiben: Genauso problemlos lässt sich noch ein Wetterempfänger anschließen, der Ihnen Informationen über Windgeschwindigkeiten und Strömungsdaten liefert. Nun kann Ihnen die Elektronik den schnellsten Weg von A nach B unter Berücksichtigung von Hindernissen, Wind und Strömung steuern und dabei noch Stürmen ausweichen.

Um ein Bus-System auf dem Boot nutzen zu können, benötigen Sie

- die Busleitung.
- eine zentrale Recheneinheit und ein Display, auf dem die Daten sinnvoll verknüpft werden können. Das kann ein Multifunktionsdisplay sein oder der Bildschirm eines Laptops bzw. Bord-PC.
- die Knotenpunkte
- die eigentlichen Geräte wie etwa das GPS-Gerät, das Radargerät, den Windanzeiger und den Autopiloten. Sie alle müssen aber busfähig sein. Und das heißt: Sie müssen so gebaut sein, dass sie ihre Daten an einen Bus weiterleiten können.

Es gibt je nach Verwendungszweck eine ganze Reihe von Bus-Systemen, mit deren Details wir uns hier nicht weiter belasten wollen. Ihr Auto hat wahrscheinlich ein »CAN-Bus-System«. CAN-Busse finden auch auf Booten Verwendung.

Das häufigste System und der aktuelle Quasistandard auf Booten nennt sich »NMEA 2000«. Daneben gibt es noch Abwandlungen wie etwas das »Simnet«.

Die Gründe dafür, dass es unterschiedliche Systeme gibt, sind zum einen historisch bedingt. Zum anderen spielt auch noch eine Rolle, aus welcher Problemstellung die Bus-Technik stammt. Neben dem Auto ist das etwa der PC, aber auch in der Gebäudetechnik spielen Busse eine Rolle: Wenn Ihre Jalousien automatisch herunterfahren sobald es dunkel wird, dann das Hoflicht eingeschaltet wird und außerdem noch an einem Bildschirm die Solltemperatur der Heizung eingestellt werden kann, spielt Bus-Technik mit.

Man muss kein Spezialist sein, um sich klar zu machen, dass bei so einem System ein paar Regeln unabdingbar sind. So muss das »Gehirn« zum Beispiel wissen, woher irgendwelche Datensätze überhaupt stammen. Kommt der Zahlensalat nun vom Windanzeiger oder vom Radar? Damit das klar ist, bekommt jedes Gerät eine Adresse.

Des Weiteren muss klar sein, in welcher Form die Datenpakete abgeschickt werden: Wo ist ihr Anfang, wo ist ihr Ende? All das regelt das Bus-System intern. Für Sie ist nur eines wichtig zu wissen: Haben Sie sich etwa auf das Bus-System NMEA 2000 an Bord eingelassen, dann müssen die Geräte alle in der Lage sein, die Daten so zu verschicken oder zu empfangen, dass NMEA 2000 sie auch versteht.

Das kann über zwei Wege geschehen: Entweder kann Ihr Gerät von Haus aus NMEA 2000 – dann brauchen Sie es nur noch an Ihr Bus-System anzustöpseln, oder aber es kann das nicht; in diesem

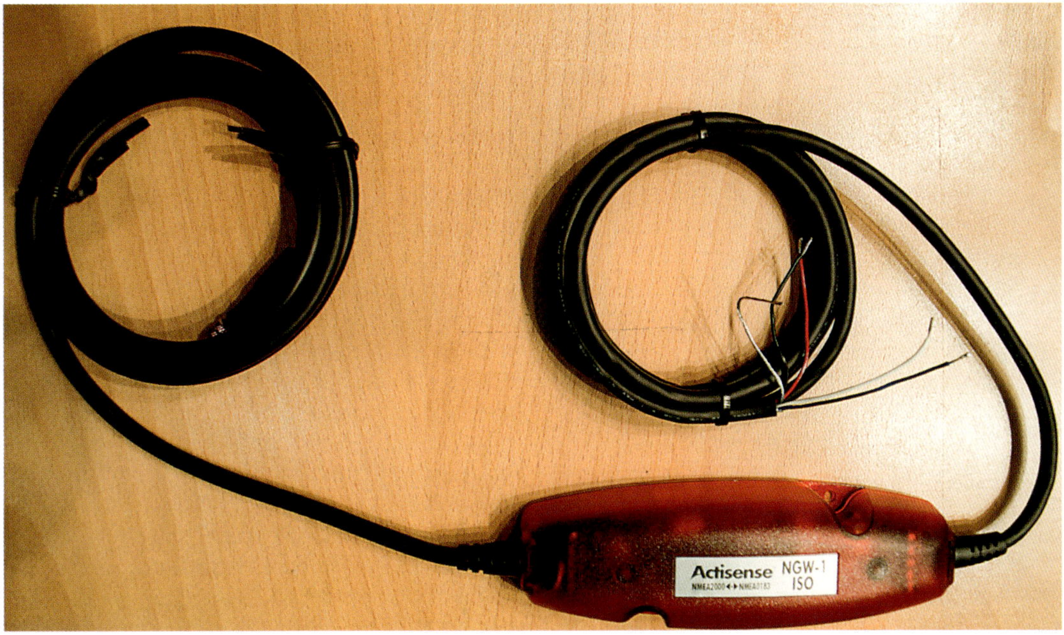

Ein Wandler: Er macht aus NMEA 0183-Signalen verständliche Daten für das Netzwerk NMEA 2000.

Fall brauchen Sie einen Wandler. Der Wandler ist ein Dolmetscher: er versteht die Daten Ihres Gerätes und übersetzt sie in NMEA 2000.

Diese Wandler gibt es in verschiedenen Ausführungen. Die einen übersetzen von NMEA 0183 in NMEA 2000, die anderen von Analog in NMEA 2000 (das brauchen Sie etwa, um ein normales Instrument wie ein Thermometer in das Bus-System einzubauen). Wieder andere bereiten die Netzwerkinformationen so auf, dass Sie sie per USB-Anschluss in Ihren Computer leiten können. Sie haben alle eines gemeinsamen: Sie sind nicht billig. In der Regel kosten sie einen kleineren dreistelligen Betrag. Wenn Sie viele Wandler brauchen, läppert sich das zu einer ansehnlichen Summe zusammen.

Ebenso hilfreich kann ein Hub sein. Auch diesen Begriff kennen Sie vielleicht aus dem PC-Bereich: Er ist eine Art Mehrfachsteckdose für Datenleitungen. Ein Hub scheint zunächst widersinnig zu sein: Wofür eine Mehrfachsteckdose, wenn doch der Vorteil des Bus-Systems darin besteht, an jeder beliebigen Stelle einen neuen Anschluss realisieren zu können? Nun, eine Erklärung dafür ist der geringe Platzbedarf. An einem Hub können Sie gleich mehrere Anschlüsse auf relativ geringem Raum zusammenfassen.

Ein Hub: Hier kann man weitere Bus-Leitungen anschließen.

Tipp:

Wenn Sie sich für ein Bus-System entscheiden, dann ist es sinnvoll, die Geräte an den Knotenpunkten alle von einem Hersteller zu verwenden. Das gilt umso eher, je komplexer Ihr Gerätepark zusammengestellt ist.
Die Ein-Firmen-Politik erleichtert unter anderem die Fehlersuche bei Störungen, denn es gibt Diagnosegeräte, die an den Bus angeschlossen werden und dann sofort einen Hinweis darauf liefern, wo die Fehlerquelle liegt.
Ein weiterer Vorteil liegt darin, dass beim Auftauchen vom Problemen meist recht fix und unbürokratisch ein Kundendienst an Bord geholt werden kann.
Der Nachteil liegt auf der Hand: Sie sind an die Geräte – und damit auch an die Gerätepreise – der Firma gebunden.

Die Vorteile eine Bus-Systems zusammengefasst sind also:

- einfache Vernetzung von Geräten
- weniger Aufwand bei der Verkabelung
- einfache Erweiterbarkeit
- zentrale Überwachung der Informationen
- zentrale Steuerung der Informationen (zum Beispiel neue Kurswerte für den Autopiloten)
- professionelle Wartung ist möglich

Ich habe bis jetzt nur über die Vernetzung von Navigationsgeräten gesprochen. Die Bus-Technik kann aber noch mehr. So hat sich eine ganze Reihe von Firmen darauf spezialisiert, die einfachen elektrischen Geräte an Bord ebenso zu überwachen wie wichtige (und unwichtige) Motordaten. Das heißt: Sie bekommen auf einem Bildschirm die Motordrehzahl, den Öldruck, die Abgastemperatur angezeigt und können außerdem noch kurz vor der Ankunft im Hafen die gewünschte Raumtemperatur im Salon einstellen.

Ob Sie das alles benötigen, will ich hier nicht diskutieren: Das ist Ihre Entscheidung.

Bei den vielen Möglichkeiten, die ein Bus-System bietet ist es schwer, einen Preis anzugeben; es hängt nun mal davon ab, wie stark Sie es ausbauen wollen.

Alleine ein Multifunktionsdisplay, das all die Daten sichtbar aufbereitet, kann schon mehrere tau-

Captain Kirk würde sich sofort zuhause fühlen: Bus-Überwachung total. Mehr ist kaum noch möglich.

send Euro kosten. Es gibt aber auch kleinere Anzeiger, die etwa ab 500 Euro anfangen. Rechnen Sie minimal mit etwa 3000 bis 3500 Euro für ein Bus-System.

Einige Hersteller bieten Kits an: Es gibt Einsteigerpakete und Erweiterungspakete. Das ist in etwa so wie ein Einsteigerpaket für eine Modelleisenbahn zu sehen: Haben Sie es einmal, funktioniert es auch. Aber in der Regel kommt schnell heraus, dass Sie noch mehr brauchen. Wenn Sie sich für ein Bus-System interessieren ist es nötig, einen guten Überblick darüber zu haben, was Sie genau brauchen:

- Welche (busfähigen) Geräte haben Sie bereits, welche müssen noch dazu gekauft werden?
- Welche Wandler benötigen Sie?
- Wollen Sie ein oder zwei Displays? (Etwa eins für den Salon, eins für das Cockpit).

NMEA 0183 und NMEA 2000

Wenn Sie Ihre elektronischen Helferlein an Bord miteinander kombinieren wollen, stoßen Sie unweigerlich auf das Stichwort »NMEA«.

Im Namen steckt die Bezeichnung »National Marine Electronics Association«. Gemeint ist eine Vereinbarung von Elektronikherstellern. Diese haben sich auf Standards geeinigt, wie Navigationsgeräte an Bord untereinander ihre Daten austauschen können. Die Verbindung etwa vom GPS-Gerät zum Laptop an Bord läuft über NMEA. Dabei gibt es zwei Standards. Der ältere und damit gebräuchlichere ist NMEA 0183. Für Sie als Anwender bedeutet das vor allem: NMEA 0183 ist praktisch die Sprache, mit der sich GPS und PC verständigen. Kann Ihre Software auf dem Laptop NMEA 0183, und Ihr GPS-Gerät ebenso, dann dürften keine Probleme beim Datenaustausch bestehen.

Enttäuschenderweise gibt es keine definierten Stecker. Aus einem NMEA 0183-GPS gucken gerade mal zwei Drähte heraus, die Sie irgendwie in Ihren Computer bringen müssen (oder an ein anderes Gerät, das mit diesem Standard arbeitet).

Grundsätzlich ist NMEA 0183 auf die veraltete Computerschnittstelle RS 232 ausgerichtet. Das ist etwas problematisch, weil viele neue Laptops und Netbooks diese Schnittstelle gar nicht mehr haben: Hier ist USB der Standard. Also brauchen Sie noch einen kleinen elektronischen Wandler für einen Preis zwischen 10 und 20 Euro, der dafür sorgt, dass Sie am Ende doch einen Stecker haben, den Sie an den USB-Anschluss Ihres Computers einstöpseln können.

NMEA 0183 ist ein sogenanntes Protokoll. Ein Protokoll ist für Netzwerkfachleute eine exakte Vereinbarung über den Austausch von Daten zwischen Geräten. NMEA hat aber den Nachteil, dass es nicht busfähig ist.

Versuchen Sie trotzdem, Geräte, die auf NMEA 0183 basieren in ein Bus-System einzubauen, ist das Ergebnis unter Umständen Datensalat, der zu seltsamen Anzeigen auf den Instrumenten führen kann.

Neuer ist der Standard NMEA 2000. Hier handelt es sich um ein komplettes Netzwerk zum Datenaustausch, das busfähig ist. Damit lassen sich also mehrere Navigationsgeräte an Bord grundsätzlich miteinander verknüpfen. Auch hier gibt es keinen einheitlichen Stecker.

Wenn Sie Geräte mit der Absicht kaufen, sie an einen PC anzuschließen, sollten Sie sich noch vor dem Kauf nach einem Wandler erkundigen der dafür sorgt, dass Sie das Gerät sorglos in eine USB-Buchse Ihres Bord-PC oder Laptop einstöpseln können. Ansonsten müssen Sie damit rechnen, selbst zum Lötkolben greifen zu müssen.

Für diesen Fall hier die Kabelbelegung des NMEA-2000-Standards:

Weiß	= CAN High +2,5 V Signal
Blau	= CAN low -2,5 V Signal
Metallisch	= Abschirmung
Schwarz	= +12 V
Rot	= –12 V

Datenaustausch/Simnet

Simnet ist ein eigenes Netzwerk der Firma Simrad. Es basiert auf der Technik von NMEA 2000. Die Vorteile: Simnetgeräte erkennen einander. Sie haben festgelegte Kabel- und Steckerformate. Das bedeutet: Es gibt keine Löterei oder Klemmerei mit freiliegenden Kabelenden.

Wollen Sie ein neues Gerät in ein bestehendes Netzwerk einbauen, dann kaufen Sie ein Anschlussstück (T-Stück), verbinden es auf der einen Seite mit dem Netzwerk und auf der anderen mit dem neuen Gerät, und schon haben Sie es eingemeindet. Eigner berichten, dass Simnet wirklich so funktioniert, wie es soll: plug and play, also zusammenstöpseln und die Geräte sofort nutzen.

So können Sie Ihren Autopiloten relativ einfach mit dem Windanzeiger vernetzen. Das Ergebnis: Der Autopilot hält einen bestimmten Winkel zum Wind ein. Das ist für Langzeitsegler interessant.

Oder aber Sie können den Autopiloten mit dem GPS verknüpfen. In diesem Fall führt Sie das System praktisch automatisch dorthin, wo Sie hin wollen.

Die Konsequenz liegt auf der Hand: Wenn Sie sich für Simnet entscheiden, ist das nur sinnvoll, wenn Sie gleichzeitig auch Ihren kompletten Gerätepark bei Simrad kaufen.

Einbau/Installation eines Netzwerks

Die einzelnen Bauteile variieren von Hersteller zu Hersteller, sind aber in ihrer Funktion gleich. Rückgrat ist das Bus-Kabel. Das gibt es in unterschiedlichen Längen – auch in kleinen Stücken. Das ist sinnvoll, denn zwischendurch sind ja immer wieder die T-Stecker, die die Verbindung zu den einzelnen Geräten wie Funkgerät, AIS, GPS, Plotter etc. schaffen.

Machen Sie sich am besten vorher eine Zeichnung und verschaffen Sie sich Übersicht, wo welche Geräte die Anschlüsse haben, die Sie ins Netzwerk integrieren wollen.

Ein Kabelteil ist für den Anschluss an die Schalttafel oder die Batterie vorgesehen. Dann folgt einfache Puzzlearbeit: Ein T-Stück dort, wo ein Gerät angeschlossen werden soll, am anderen Ende setzen Sie das Bus-Kabel fort.

Sie können den Strom auch in der Mitte des Kabels einspeisen – das ist dann sinnvoll, wenn es sehr lang wird und zum Ende hin der Spannungsabfall zu groß ist. Die Firma Garmin etwa gibt einen maximal tolerierbaren Spannungsabfall von 3 V an. Den Spannungsabfall können Sie berechnen. Die Formel lautet:

Spannungsabfall = Kabelwiderstand in Ohm x Abstand zwischen Batterie und dem am weitesten entfernten Gerät x Netzbelastung x 0,1.

Den Wert für den Kabelwiderstand bekommen Sie von Ihrem Netzwerkhersteller. Die Daten zur Netzbelastung können Sie als LEN-Kennzahl den Geräten oder der Gebrauchsanweisung entnehmen: Sie werden summiert und als Gesamtwert in die Formel eingebaut.

Kommt am Ende 3 (V) oder weniger heraus, können Sie den Strom anschließen, wo Sie wollen. Sind es mehr, dann empfiehlt sich der Anschluss in der Mitte.

Und keine Bange: Das liest sich komplizierter, als es in der Praxis ist. Mehrere Eigner, die Netzwerke auf ihrem Boot installiert haben, haben mir berichtet, dass es letztlich ein Zusammenstecken von passenden Teilen ist, und dann funktioniert das Netzwerk: plug and play – stöpseln und loslegen.

3

ELEKTRONISCHE SEEKARTEN

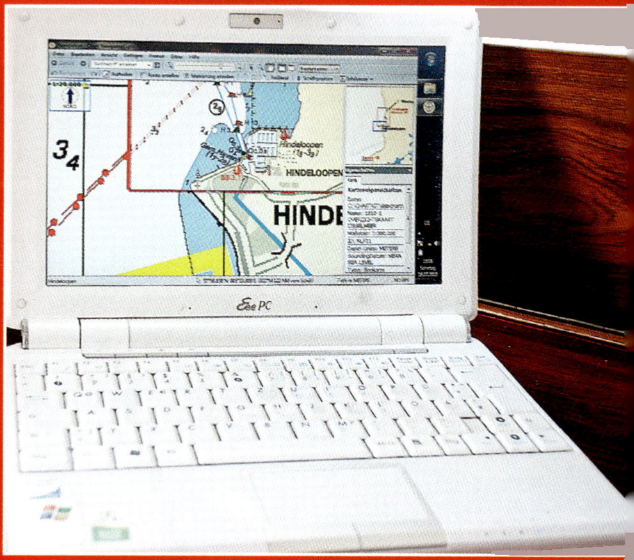

Formate

Wer sich mit digitalen Seekarten ausstatten will, hat im ersten Schritt automatisch mit einem schwer übersehbaren Wirrwarr an Formaten zu tun. Selbst Profis tun sich schwer, alle Formate aufzuzählen; in der Regel sagen sie: »Kann sein, dass ich ein paar vergessen habe.«

Immerhin gibt es ein paar Formate, die allen einfallen:

- Der Verlag Delius Klasing hat sein eigenes Kartenformat.
- Win GPS ist ein eigenes Format.
- Max Sea
- Navionics
- Garmin
- NV Digital
- Transas
- C-Map
- BSB
- ARCS
- S 57

Zur Orientierung:
ARCS: Dabei handelt es sich um Rasterkarten des Britischen Hydrographischen Instituts/British Admiralty. Dieses Format kann man weltweit finden. Die Karten können auf sehr alten Erhebungen beruhen; wenn etwa Captain Cook im 18. Jahrhundert das letzte Mal im Südpazifik auf einer Insel war, dann kann das die aktuellste Kartenversion sein …
S 57-Daten: Hier handelt es sich um objektorientierte Vektordaten nach dem internationalen Standard der International Hydrographic Organisation.
S 57-Karten werden von Berufsschiffern benötigt; die müssen diese Karten ab 2012 verwenden. Berufskapitäne schätzen diese Karten unter anderem deshalb, weil sie wöchentlich aktualisiert werden. Es gibt aber nur eine Handvoll Systeme für Sportboote, die diese Karten verdauen können. Diese Karten werden von den jeweiligen nationalen hydrographischen Dienste für ihre Küstengewässer hergestellt.

Um möglichst viel Freiheit bei der Auswahl der Hardware zu haben, werden Sie sich für möglichst gängige Formate interessieren.
Als gängig gelten:

- BSB
- NV Digital
- Navionics
- Transas
- C-Map
- Bluechart
- S 57 (amtliches Material und Format)

Grobe Orientierung: eine Rasterkarte mit der typischen Pixelung bei hoher Zoomstufe.

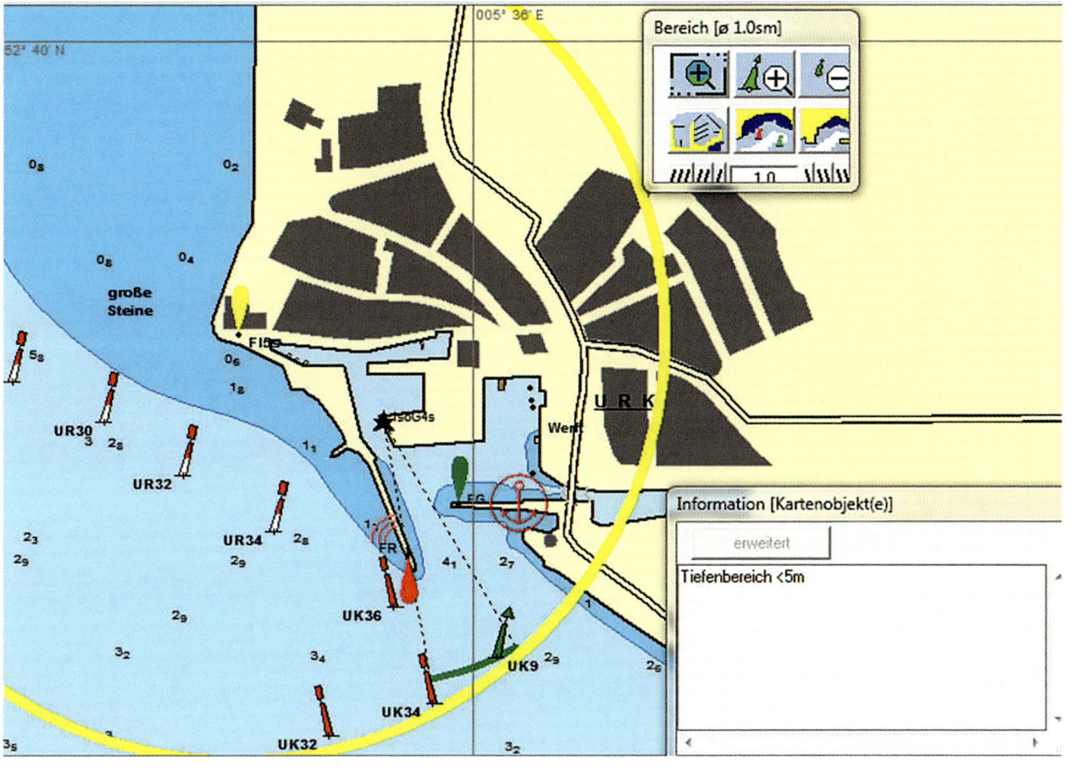

Feine Orientierung stufenlos verstellbar – und mit eingebundenen Objekten: die Vektorkarte.

Beim Kauf eines Programms oder etwa eines Plotters sollten Sie darauf achten, dass Ihr Produkt möglichst mehrere Formate verarbeiten kann. Dann sind Sie nicht nur an einen Hersteller gebunden, zumal die Preise für digitale Seekarten durchaus kräftig differieren können.

Wie kommt es zu dem Gewimmel an Formaten? Einer der Gralshüter der Kartographie auf deutschen Gewässern ist das Bundesamt für Seeschifffahrt und Hydrographie. Dieses stellt sozusagen offizielles Datenmaterial her. Die Daten verkauft es in Lizenz an Privatfirmen, und diese Firmen dürfen die Datensätze auch ändern. Das tun sie gerne, um ein firmeneigenes Format zustande zu bringen, das dann auch nur von der entsprechenden eigenen oder Partnerhardware und -software verwertet werden kann.

Sie werden bei der Beschäftigung mit dem Thema immer wieder auf die Stichworte »Rasterkarte« und »Vektorkarte« stoßen.

Die Unterschiede:

- **Rasterkarten** waren einmal eingescannte Papierkarten. Sie boten also letztlich nichts anderes als eine Papierkarten, die man auf einem Computerbildschirm hin und her bewegen und ein- und auszoomen kann. Mittlerweile stimmt das nicht mehr ganz, da auch die Papierkarten von vorneherein auf dem Computer produziert werden, entsprechend wird auch nichts mehr eingescannt.
- Als Anwender erkennen Sie Rasterkarten daran, dass sie ab einer großen Zoomstufe sehr pixelig wirken. Es gibt nicht so viele Zoomstufen für diese Karten. Die Karten enden immer dort, wo auch die Papierkarte endet.
- **Vektorkarten** lassen sich, laienhaft gesprochen, besser vergrößern und verkleinern. Der große Vorteil: Objekte wie Tonnen, eine Sandbank oder schlicht die Wassertiefe lassen sich von den Programmierern als solche definieren und weiter verwerten. Interessant daran dürfte für Sie sein,

dass Sie auf einer Vektorkarte eine Route planen können; Sie geben den Tiefgang Ihres Schiffes an, und dann ist es grundsätzlich möglich, dass eine Navisoftware Sie warnt, wenn Ihre Route über ein Gebiet führt, für das Ihr Schiff zu viel Tiefgang hat.

- Ein anderer Vorteil: Eine Schleuse, die auf der Vektorkarte als Objekt definiert worden ist, liefert Ihnen außerdem noch auf Mausklick die Breite des Schleusentores und die Tiefe des Schleusenbeckens.
- Ein Nachteil der Vektorkarten: Gerade weil die Informationen so vielfältig sind, werden sie häufig erst auf Mausklick sichtbar.

Der Vorteil der guten alten Papierkarte: Sie ist übersichtlicher und man kann mit dem Zirkel hineinstechen …

Interessante Internetseiten zum Thema:

http://www.bsh.de/de/Produkte/Karten/Seekarten/index.jsp
Auftritt des Bundesamtes für Seeschifffahrt und Hydrographie; grundsätzliche Informationen über die Leistungen.

Kostenlose Alternativen

Wer das Ausgeben von Geld für Navigationszwecke weitgehend vermeiden will, hat mit dem Bordlaptop Alternativen. Es gibt die Schiffer, die sich um »Seaclear« versammeln. Dort bekommen Sie ein Navigationsprogramm und Karten.

Auch »Open CPN« verfolgt das Ziel, Navigatoren auf dem Wasser mit kostenfreiem Programm und Seekarten zu versorgen. Dabei werden Windows, Linux und Macintosh (Apple) unterstützt.

Was Sie mindestens mitbringen müssen, um Seaclear oder Open CPN nutzen zu können: einen Laptop, ein GPS-Gerät, das Signale auf den Laptop schickt, das Navigationsprogramm und die Karten. Open CPN verspricht dabei eine ganze Menge: Ein Navigationsprogramm ohne Schnickschnack, das auch etwas mit AIS-Daten und GRIB-Daten anfangen kann.

Interessante Internetseiten zum Thema:

http://opencpn.de/ueber-opencpn
Informationen, Programm, Forum und Seekarten zum Projekt »Open CPN«.

http://www.seaclear.net/
Hier finden Sie ein kostenloses PC-Programm und mehrere kostenlose Seekarten zum Download.

http://www.yachtlogbuch.eu/DE/navi.htm
Private Homepage zum Thema PC-Navigation und Kartenformate.

LAPTOP

4

Was kann der Laptop/ das Netbook

Es gibt einige Gründe, die dafür sprechen, den Laptop an Bord für Navigationsaufgaben zu verwenden. Einer der wichtigsten: Viele tragen sowieso einen Laptop oder ein Netbook mit sich herum, weil sie im Hafen im Internet surfen wollen oder Tagebuch darin schreiben und die Welt mit Segelblogs versorgen oder weil sie gerne noch ein wenig Arbeit aus dem Büro mit an Bord nehmen wollen. Wenn das Ding schon da ist und Platz verbraucht, kann es sich auch in der Navigation nützlich machen.

Grundsätzlich geht das. Sie bekommen für Preise ab etwa 50 bis 70 Euro eine GPS-Maus mit USB-Anschluss. Das ist ein einfacher GPS-Empfänger, der zum Anschluss an mobile Geräte gedacht ist. Digitale Karten mit einem Navigationsprogramm gibt es von mehreren Anbietern – und der wichtigste Teil der Navigation funktioniert am Bordcomputer.

Die Vorteile sind außerdem:

- Man kennt sich mit dem Gerät aus, muss sich also nicht einarbeiten.
- Der Laptop ist per Definition ein Alleskönner.
- Sie können noch andere Programme wie etwa zur Astronavigation oder zur Gezeitenberechnung auf dem Gerät installieren und gleich mit nutzen.
- Sie können Ihre Routenplanung schon zuhause mit der gleichen Software beginnen, die Sie auch an Bord nutzen werden.
- Laptops und Desktop-PC sind schnell netzwerkfähig und können ebenso schnell in ein bordeigenes Netzwerk eingebunden werden.
- Es gibt spezielle Wandler, mit denen Sie NMEA-Daten auf den bei PC gebräuchlichen USB-Anschluss umleiten können.

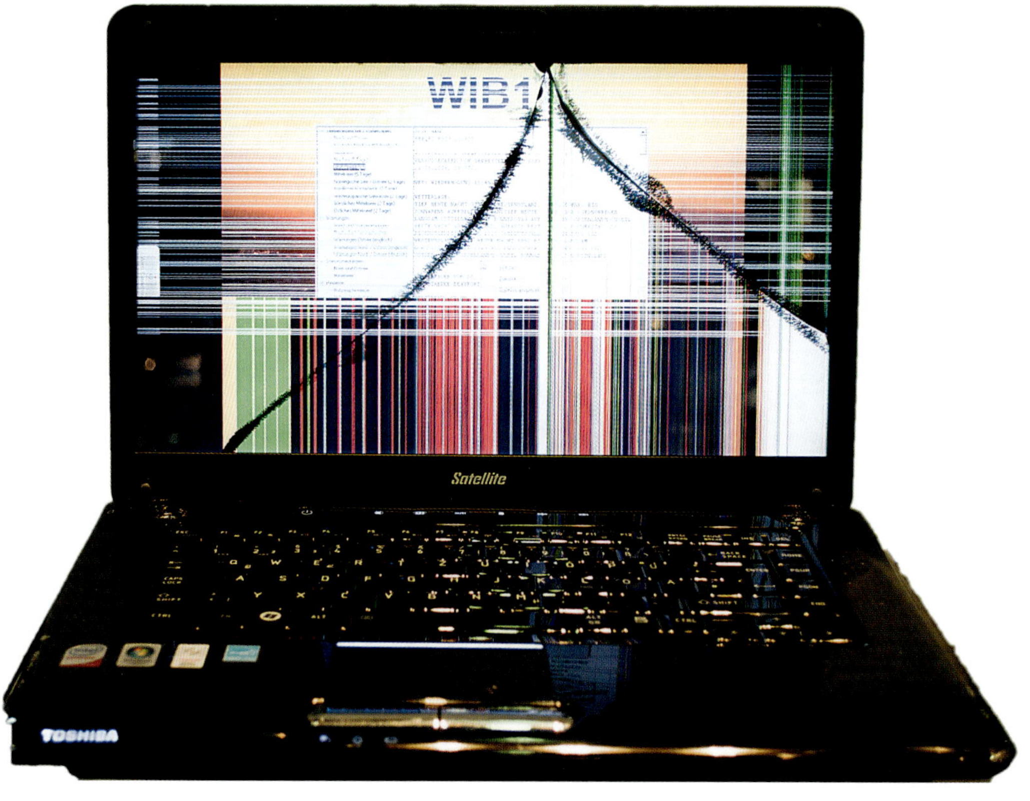

Kann auch passieren: Nach einer Woche Bordeinsatz ist der Laptop schwer beschädigt. Dumm, wenn hier jetzt auch private und geschäftliche Daten gespeichert sind.

Nachteile des Laptop

Nachteile gibt es auch.

- Laptops sind in der Regel nicht seewasserfest.
- Sie sind empfindlich gegen Stöße, vor allem dann, wenn Sie normale Festplatten eingebaut haben.
- Das Display ist empfindlich gegen ruppige Behandlung und häufig nicht tageslichttauglich.
- Die Software für den Anschluss an das NMEA-Netzwerk an Bord ist teuer.
- Man sollte es nicht tun, aber man tut es trotzdem: Der Laptop mit den privaten und Geschäftsdaten wird auch für den Einsatz an Bord genutzt. Mit dem Ergebnis, dass im Fall eines Sturzes oder eines Wasserschadens auch die zuhause genutzten Daten weg sind.
- Sie sind nicht erweiterbar, da kein Platz für Erweiterungen vorhanden ist.

Spezielle Bord-PCs

Lohnt sich ein Rechner, der eigens für den Bordeinsatz konstruiert ist? Ja, meint Sylvio Kaltofen. Der Mann hat gut reden – er konstruiert und verkauft Spezialrechner für Skipper. Aber seine Argumente können sich hören lassen: »Normale PCs«, sagt er, »werden gelüftet. Was macht der Lüfter? Er saugt salzhaltige Luft und verteilt sie mitten in der Elektronik.« Stimmt. Deswegen hat er seine Rechner eingekapselt. Gekühlt wird über Kühlrippen. Außerdem spendiert er ihnen SSD-Speicher anstelle von normalen Festplatten. Der Vorteil hier: keine beweglichen Teile, diese Speicher sind schockresistent.

Außerdem ist der Bordrechner ausschließlich für den Einsatz an Bord ausgelegt: Es sind keine Spiele darauf, keine Officepakete, keine Internetanwendung – nichts, was den Rechner zum Absturz bringen kann.

Das elektronische Innenleben ist von der Außenwelt abgeschnitten und damit isoliert und geschützt vor salzhaltiger Luft – einer der Vorteile eines speziellen Bordrechners.

Den »Silent Sail«-Rechner bezahlt man als kleine Version mit 1400 Euro. Lohnt sich das? Kaltofen zählt weitere Vorteile auf: WLAN mit externer Antenne hat sein Rechner eingebaut, das Gerät kann direkt mit Bordspannung betrieben werden. Ein Interface, das Motordaten verarbeiten kann, ist mit dabei. Für die Navigation ist der Chartnavigator Standard installiert und ein Kartensatz nach Wahl ist im Preis inbegriffen.

Vor allem aber hat der Rechner 5 NMEA 0183-Schnittstellen. Von denen bieten drei den angeschlossenen Geräten direkt die Stromversorgung mit an. Und das bedeutet: Man spart sich das Geld für die Wandler von Netzwerkdaten zu USB-Daten. Wer trotzdem noch weitere Geräte anschließen will, kann die sechs USB-Schnittstellen dafür nutzen. Auch die Software, die die Daten vom Bootsnetzwerk auswertet und darstellt, ist im Preis inbegriffen.

Interessante Internetseiten zum Thema:

http://www.c-nav.de
Anbieter von Bordrechnern.

http://www.raymarine.de/products/raytechrns/61-software/
Anbieter von PC-Software für den Einsatz von Computern als Plotter/Navigationsgeräte für Windows 2000 und XP.

5

iPAD UND ANDERE TABLET-PCs

Auf See Navigationsgerät, im Hafen Internet- und Multimediaspielzeug: die Wunderflunder iPad.

Anfang 2010 hat die Firma Apple unter quasireligiösem Zeremoniell ihr iPad vorgestellt: Ein per berührungsempfindlichem Bildschirm zu bedienendes Gerät, unter anderem mit einer komfortablen Akkulaufzeit von rund 10 Stunden (Angabe des Herstellers).

Es handelt sich um einen gut tragbaren PC ohne Tastatur mit einem durchdachten Bedienkonzept. Außerdem hat das Gerät einen kaum schlagbaren Charme. Es ist eher eine Art Internetsurfbrett für die Couch und das Café. Geeignet um Filme zu sehen, Musik zu hören und Spiele zu spielen.

iPad: Was kann es leisten?

In der Fachpresse beschäftigte man sich relativ schnell mit der Frage, wie das iPad denn eigentlich auf einem Segelboot genutzt werden könnte. Das alleine schon deshalb, weil es viele geben wird, die das iPad sowieso immer mit haben. Warum soll es sich da nicht auch auf einem Boot nützlich machen? Mittlerweile bieten Versender iPad-Pakete mit digitalen Seekarten und Plottersoftware an.

Das Pad hat bislang für einen Preis von rund 600 Euro (Stand: 2010) ein internes GPS, Bluetooth sowie WLAN-Fähigkeiten nach den Standards 802.11 a/b/g/n.

Wenn Sie sich für ein solches Gerät interessieren, achten Sie beim Kauf darauf, dass es ein 3G-Gerät ist; nur die haben auch ein GPS an Bord. Die anderen Pads berechnen ihren Standort aus den Mobilfunkzellen, und das funktioniert natürlich nur dort, wo auch Handys funktionieren.

Idealerweise könnte man mit einem iPad also unterwegs seinen Kurs plotten, nach Wegemarken zum nächsten Hafen gelangen, und dort im Salon liegend im Internet surfen. Außerdem bietet es von Haus aus viele Möglichkeiten, Videos und Musik zu sehen und zu hören sowie E-Books zu lesen.

Man hätte also mit einem Gerät gleich mehrere Anwendungen abgedeckt, von denen die einen wichtig fürs Segeln sind, die anderen zumindest schön zu haben.

Für die Nutzung auf dem Boot bringt das Applekonzept des iPad einige Vorteile mit, einige Nach-

Klein, handlich, schick und einfach zu bedienen: Das iPad kann auch navigieren.

teile, und einige Eigenschaften, die man sowohl als Vorteil als auch als Nachteil sehen kann.

Zur letzten Kategorie gehört zum Beispiel das Prinzip des App Store. Wer Windows-PCs kennt ist es gewohnt, dass man im Prinzip jedes beliebige Programm googlen, herunterladen und installieren kann.

Apple verfolgt da eine deutlich restriktivere Politik. Neue Programme bekommen Sie legal nur aus dem App Store. Das Wort »App Store« hängt mit dem Begriff »Application« zusammen; gemeint sind letztlich Programme aller Art, die Apple kurz »Apps« nennt. Die Programme sind entweder kostenlos oder kostenpflichtig, sie sind aber häufig recht günstig. So bekommt man das Navionics-Programm mit Karten für rund 40 Euro. Der vergleichbare Kartensatz auf Papier würde mit rund 230 Euro zu Buche schlagen.

Der Vorteil des Konzeptes: Alle Programme lassen sich ohne weitere Kenntnisse leicht installieren und ebenso leicht wieder deinstallieren. Außerdem sorgt die Kontrolle von Apple dafür, dass die Programme stabil laufen.

Das System von Apple bringt es mit sich, dass der Computernutzer sich nicht damit herumschlagen muss, in welchem Ordner ein Programm welche Dateien abgelegt hat. Das Programm nistet sich auf dem Computer ein, und damit ist die Sache erledigt.

Der Nachteil: Was Apple nicht genehmigt hat, ist für Ihr iPad legal nicht zu haben. Sie sind dem App Store ausgeliefert. Das kann zum Problem werden, wenn man Spezialsoftware braucht, die nur eine Handvoll Leute wirklich interessiert und die der ein oder andere Hobbyentwickler programmiert hat. Allerdings gibt es im Moment bereits mehrere 100.000 Apps – und ihre Zahl wird zweifellos steigen.

Die Vorteile des iPad für Bootsfahrer auf einen Blick:

- Klein, leicht, gut transportabel.
- Da das Gerät von außen praktisch nur aus dem Bildschirm besteht, ist dieser ausreichend groß: 9,7 Zoll.
- Lange Akkulaufzeit von rund 10 Stunden.

Seekarten zoomt man durch Fingerspreizen – Navionics auf dem iPad.

- Sehr gutes Bedienkonzept.
- Kaum Systemabstürze.
- Leichte Installation von Anwendungen.
- Das meiste, was auf einem iPhone funktioniert, läuft auch auf dem iPad.
- Es gibt digitale Karten von Navionics. Zum Preis von rund 50 Euro decken die einen Großteil der üblichen Fahrgebiete ab.
- Weitere Software, etwa für ein Logbuch, Ankeralarm, AIS oder Seewetter ist im App Store zu bekommen.
- Das GPS hat eine gute Empfangsqualität auch unter Deck.
- Es gibt Zubehör, um es gegen Wasser zu schützen.

Die Nachteile:

- Apple kann kein Flash, und damit können verschiedene Internetseiten nicht dargestellt werden.
- Bindung an den App Store.
- Apple sieht keine unterschiedlichen Benutzerkonten vor; wer immer an dem Gerät arbeitet, hat volle Zugriffsrechte.
- Das Gerät ist nicht wasserfest.
- Es hat keine USB-Schnittstelle. Datenübertragung per Wechseldatenträger ist nicht ohne Tricks möglich. Alleine nur um ein paar Fotos auf das Pad spielen zu können, benötigt man ein »Connection Kit«.
- Das Gerät hat keinen Dateimanager.
- Die Navionics-Software hat noch Macken. So wird etwa die verbleibende Zeit bis zum Ziel nur über eine per Hand einzugebende Durchschnittsgeschwindigkeit errechnet. Das wird sich aber wahrscheinlich mit den nächsten Updates erledigen.

Nette App für nebenbei: Kompass und Geschwindigkeit auf dem Elektrotablett.

- Das Laden des Akkus dauert über das 12V-Bordnetz bis zu zehn Stunden – und auch dann ist er nicht voll geladen.
- Läuft das Gerät beim Laden über 12 V weiter, verbraucht es unter dem Strich mehr Strom, als es lädt. Damit ist es vorläufig als Navisystem für längere Fahrten nicht zu gebrauchen.
- Das Display ist nur begrenzt im Sonnenlicht ablesbar.

Um die Softwarebeschränkungen durch den App Store zu umgehen, haben findige Köpfe sogenannte »Jailbreaks« entwickelt. Das sind Programme, die die Schutzfunktionen von Apple aushebeln. Allerdings besteht die Gefahr, dass das Gerät später nicht mehr funktioniert und dass Apple einen Garantieanspruch verweigert, wenn Jailbreaks benutzt worden sind. Bekannte Jailbreaks findet man im Internet unter dem Suchwort »Spirit«.

iPad: Bordtauglichkeit

Wer das iPad mag, kann es also mit Einschränkungen auch zur Navigation verwenden. Die Betonung liegt auf »mit Einschränkungen« und »auch zur Navigation«. Denn ein Navigerät, dem am zweiten Tag der Saft ausgeht, ist aus genau diesem Grund ein Sicherheitsrisiko. Man sollte also (soll man sowieso!) eine weitere Möglichkeit zur Standortbestimmung und zum Absetzen von Kursen haben. Hat man das Brett sowieso an Bord spricht natürlich nichts dagegen, es mit Navigationssoftware auszurüsten.

Wenn man darüber nachdenkt, lohnt sich aber auf jeden Fall die Überlegung, ob man nicht mit einem Notebook besser bedient ist. Dies aus dem Grund, weil es weniger Einschränkungen gibt, was die Verbindungsmöglichkeiten mit anderen Geräten gibt, und Software einfacher aufzuspielen ist.

Eine andere Alternative sind iPad-Konkurrenten; die gibt es zum Beispiel mit den Betriebssystemen Windows, Android oder WebOS.

Einbau/Installation

Wie machen Sie das iPad an Bord einsatzklar? Zunächst schließen Sie es zuhause an den PC an. Das kann ruhig ein Windows-PC sein. Dort laden Sie von der Seite *www.apple.com* iTunes herunter. iTunes ist eine Art Verwaltungssoftware: Mit deren Hilfe legen Sie ein Konto an. Mit dem Anlegen des Kontos wird auch festgelegt, wie Sie Ihre Rechnungen im App Store bezahlen wollen. Ich nutze in solchen Fällen die Kreditkarte und habe bislang noch keine schlechten Erfahrungen damit gemacht. Sobald das erledigt ist, wird Ihr iPad aktiviert. Vorher können Sie nämlich so gut wie nichts damit anstellen.

Aus dem App Store können Sie sich nun etwa ein Programm zur Navigation herunterladen, außerdem alle weiteren Programme, die Sie benötigen. Achten Sie dabei darauf, dass das wahrscheinlich Geld kostet; die Kosten hängen vom Programm ab. Die Installation geht ausgesprochen einfach vor sich. Ihr Programm funktioniert ein paar Augenblicke später.

Nun können Sie Ihr iPad mit an Bord nehmen und das Naviprogramm starten – es ist einsatzbereit. Um das Pad auch dann laden zu können, wenn kein Landstrom zu haben ist, sollten Sie sich einen Adapter für 12 V zum Pad kaufen.

Tipps:

Hier finden Sie einige nützliche Programme für das iPad. Die Programmliste kann nicht vollständig sein – schließlich wird sie laufend erweitert. Es gibt zum Beispiel:

- Navionics Marine, Navigationsprogramm mit Karten. Suchwort im App Store: »Navionics«.
- INavX Marinenavigation, Navigationsprogramm, das damit wirbt, mehrere Kartenformate lesen zu können. Suchwort im App Store: »InavX«.
- Sonnenkompass für iPad. Suchwort im App Store: »Sonnenkompass«
- Gezeitenprogramm. Suchwort im App Store: »Gezeiten« und wegen eines Übersetzungsfehlers auch »Gezaiten«.
- Astronomieprogramm zum Sternenhimmel. Suchwort im App Store: »Star Walk«.

Interessante Internetseiten zum Thema:

http://www.apple.com/de/ipad/
Offizielle Appleseite zum iPad.

http://www.aquapac.de/
Hier bekommt man wasserdichte Schutzhüllen für das iPad.

http://www.chip.de/artikel/iPad-Jailbreak-mit-GreenpoisOn-So-knacken-Sie-das-iPad_42748638.html
Hier gibt es eine Anleitung, um ein Jailbreak für das iPad zu installieren.

http://www.advance-navigation.com/
Eine Firma, die sich auf die Verwendung von iPad und Mac-Produkten auf Booten spezialisiert hat.

Tablet-PC von Samsung: Ein Rechenknirps ohne Tastatur im Postkartenformat.

Andere Tablet-PCs

Der Markt für Tablet-PCs ist stark in Bewegung. Im Jahr 2011 dürften noch viele weitere Geräte auf dem Markt kommen. Dazu zählen Geräte, deren Betriebssystem Windows ist, und andere, die mit Android arbeiten.

Ein Androidgerät ist etwa das Samsung Galaxy Tab. Es hat eine Bildschirmdiagonale von 17,8 cm und damit in etwa Postkartenformat.

Was man zunächst wissen muss: Wenn Sie sich für ein Androidgerät entscheiden, sind Sie auch auf den Markt für entsprechende Programme angewiesen. Der Androidmarkt hält im Moment an die 200.000 Programme bereit, ihre Anzahl wächst wöchentlich.

Das Galaxy Tab hat den gravierenden Nachteil, dass es ebenso wie das iPad keine USB-Schnittstelle hat. Allerdings existiert ein Extrastecker, der USB mit dem galaxyeigenen 30-Pin-Stecker- und Buchsenformat zusammenstöpselbar macht. Sind PC und Galaxy auf diese Weise verbunden, behandelt der PC das Galaxy wie ein ganz normales Massenspeichergerät – und damit ist ein Dateiaustausch möglich.

Ein Vorteil ist, dass es einen Steckplatz für eine Speicherkarte hat – und damit können Programme, Karten oder sonstige Informationen grundsätzlich ins Gerät kommen.

Seit Anfang 2011 ist ein Spezialtablet im Handel, das Racepad 390 i. Zu diesem Gerät liegen derzeit noch keine Erfahrungsberichte vor. Der Hersteller verspricht, dass das Racepad stoßsicher, wasserdicht und sonnenlichttauglich ist.

Seit Anfang 2011 im Handel: das für den Wassersport optimierte Racepad. (Bild mit Genehmigung der Firma BIS Electronics, Itzehoe)

Mit der elektronischen Umwelt tritt es per WLAN, Bluetooth, GPS serienmäßig in Kontakt. Massenspeicher ist eine SSD-Platte von 32 GB in der günstigsten Version. Das Racepad hat ein Magnesiumgehäuse und verträgt nach Herstellerangaben einen Sturz aus 1,5 m Höhe. Das Gerät liegt preislich aber auch in deutlich höheren Regionen – etwa 2800 Euro muss man bezahlen. Falls dem Pad unterwegs der Saft ausgehen sollte, kann man sich mit einem Zweitakku behelfen. Dieser lässt sich im laufenden Betrieb austauschen.

Auch Windows schläft nicht. Da Windows nach wie vor das am weitesten verbreitete Betriebssystem ist, kann man davon ausgehen, dass hier auch die meisten Programme zu finden sind, die für Segler interessant sind.

Ein Standard, wie die Geräte ausgerüstet sind, hat sich noch nicht etabliert. Während man bei einem Netbook in etwa weiß, dass man einen kleinen Rechner mit meist drei USB-Schnittstellen und ausreichend Festplattenplatz, aber ohne CD-Laufwerk bekommt, hat man bei Tablet-PCs einen

Interessante Internetseiten zum Thema:

http://www.android.com/market/#app=it.navionics.scandinaviaE
Software, die Navionicskarten für Skandinavien beinhaltet.

http://www.bis-electronics.com/
Anbieter von Tablet-PC, die für den Bordeinsatz konzipiert sind.

schwer überschaubaren Gemischtwarenladen. Und das macht es schwierig, sich für eines zu entscheiden, zumal im Zwei-Monats-Takt neue Tablet-PCs zu erwarten sind.

Am sinnvollsten ist deswegen eine Checkliste, anhand derer man überprüfen kann, wie tauglich ein Gerät für den Einsatz an Bord ist.

Interessante Internetseiten zum Thema:

Checkliste für Tablet-PCs

- Nach meiner Ansicht sollte ein Tablet-PC ein GPS eingebaut haben. Achten Sie hier bitte darauf, dass das Gerät seine Standortinformation nicht über das Mobilfunknetz bezieht – das nützt Ihnen auf See nämlich gar nichts.
- Alternativ sollte die Möglichkeit bestehen, eine GPS-Maus anzuschließen. Die kosten etwa zwischen 60 und 80 Euro (2011).
- USB-Schnittstellen sind wichtig, wenn man externe Geräte anschließen will wie etwa ein AIS-Gerät oder ein externes GPS.
- Die Bildqualität sollte auch bei Tageslicht gut sein, damit man das Gerät im Cockpit ablesen kann.
- Es sollte Steckplätze für Kartenchips haben, damit man seine Kartensätze erweitern kann.
- Es sollte eine Schutzhülle geben, um das Gerät vor Feuchtigkeit zu schützen. Dabei muss der Touchscreen auch durch die Hülle noch komfortabel zu bedienen sein.
- Ideal wäre, wenn im Zubehörhandel noch eine Halterung für die Flunder zu haben ist, die man in die Naviecke schrauben kann.
- Es sollte mindestens eine Hand voll Marinenavigationsprogramme mit Karten von führenden Herstellern existieren.
- Das Betriebssystem sollte so populär sein, dass man einigermaßen sicher sein kann, dass auch weiterhin genügend neue Anwendungen dafür programmiert werden.
- Die Akkulaufzeit sollte mindestens einem Segeltag entsprechen – also geschätzt 10 Stunden.
- Der Akku sollte über 12V-Bordstrom geladen werden können.

6

HANDYS UND SMARTPHONES

Das Handy als Navigationsgerät

Mit zeitgemäßen Handys lässt sich mühelos ein großer Teil städtischen Büroalltags bewältigen. Es hat sich eingebürgert, dass nahezu jeder Handyhersteller in irgendeiner Art und Weise eine Bibliothek mit herunterladbaren Programmen anbietet. Dazu gehören auch Programme, die eine Position liefern. Zwar sind die meisten dieser Programme entweder eher Spielerei, oder sie orientieren sich an den Bedürfnissen von Autofahrern. Aber eine Position ist eine Position.

Es ist schließlich gar nicht so lange her, dass ein GPS-Gerät für Bootsfahrer zum Preis von 180 Euro nicht mehr konnte, als eine aktuelle Position in Längen- und Breitengraden zu liefern. Das erledigen aktuelle Handys nebenbei.

Grundsätzlich reicht diese Fähigkeit aus, um zu navigieren. Die Position lässt sich in die Seekarte eintragen, und so kann man ein paar wesentliche Fragen der Navigation direkt beantworten: Wo bin ich? Wo will ich hin? Welchen Kurs muss ich steuern, um mein Ziel zu erreichen? Und welche Art von Hindernissen liegt auf dem direkten Weg zum Ziel im Weg (Untiefen, Sperrgebiete, Amerika, etc.)?

Voraussetzung für eine saubere Position auf See ist, dass Ihr Handy einen GPS-Satz eingebaut hat. Denn es gibt viele Geräte, die ihre Position aus dem Standort der Funkzellen beziehen, in denen sie sich bewegen. Das funktioniert an Land ganz prima. Ein paar Meilen abseits der nächsten Küste funktioniert dann allerdings ohne GPS gar nichts mehr.

Die Steigerung der reinen Positionsangabe ist ihre Verbindung mit einer Seekarte direkt auf dem Display. Spätestens damit stößt das Handy an natürliche Grenzen; da das Gerät immer noch zum Telefonieren gedacht ist, überschreitet sein Bildschirm eine kritische Größe nicht. Der Bildschirm ist schlicht zu klein für eine saubere Navigation.

Eine Hafeneinfahrt mögen Sie noch ganz gut meistern können – aber mehr ist nicht drin, weil die Übersicht fehlt.

Gängige Betriebssystem für Handys sind Windows mobil, Android, Apple-OS, Palm-OS. Das Angebot an Programmen für Handys nimmt ständig zu, es bleiben aber die grundsätzlichen Nachteile:

- Ein Handy ist in der Regel nicht wasserfest.
- Es ist meist nicht robust genug, um Stöße und Herunterfallen heil zu überstehen.
- Die Displays sind zu klein.
- Der Akku gibt zu schnell den Geist auf.

Eines der beliebtesten Handys ist das iPhone von Apple. Das bietet mittlerweile mehrere Programme, mit denen man grundsätzlich navigieren kann – und das gar nicht einmal schlecht. Die Einschränkungen, die ich gemacht habe, beziehen sich eher auf Probleme, die ein Handy halt so mit sich bringt. Die Programme an sich können zur Navigation sehr gut sein.

Apple bietet die »Apps« genannten Programme an. Darunter ist das von Navionics, dass für einen kleinen Preis an sich eine vollständige Navigationssoftware ist.

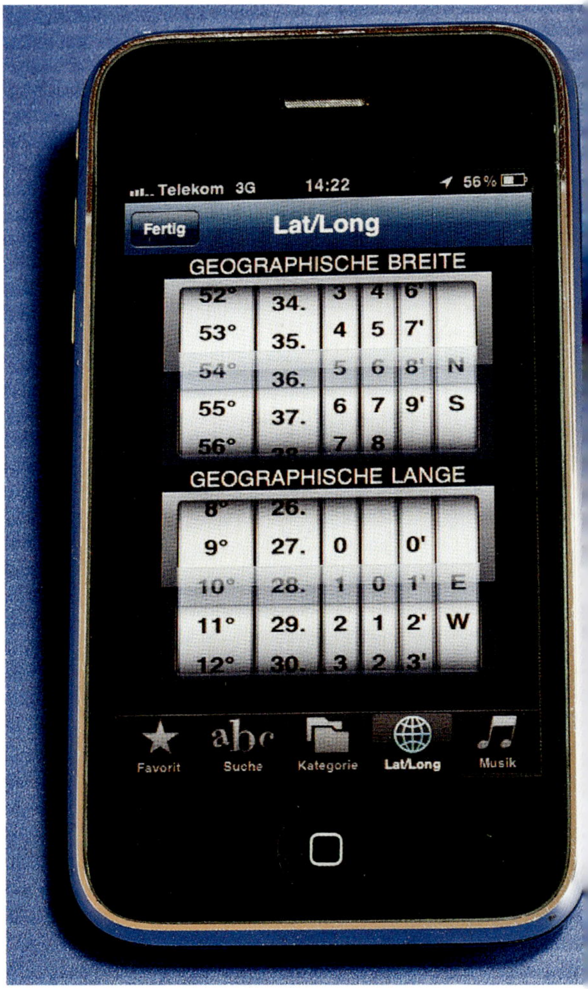

Das Programm von Navionics: App installieren und starten. Eine Position eingeben, und Sie können aus dem Internet eine dazu passende Karte herunterladen. Ist sie installiert, bietet das Programm auch weitergehende Informationen etwa über die Infrastruktur in Hafennähe. Allerdings nur, solange der Akku hält.

Andere Apps, die mehr oder minder vergleichbares leisten: NavX Marine Navigation, Harry GPS Sailor. Sie können die Programme unter diesem Namen im App Store suchen und installieren.

Grundsätzlich ist es natürlich sehr nett, ein Handy zu haben, das eine Position liefert. Und es macht Freude, wenn man in der Nähe eines Hafens wieder Internetverbindung hat, und gleich bei Google Earth ein Panoramafoto des Hafens plus Ansicht der Shoppingmeile bekommt. Aber ein Navigationsgerät ist es nicht.

Das Handy als Wetterempfänger

Jedes einigermaßen aktuelle Handymodell empfängt Wetterberichte mit Piktogrammen. Darüber hinaus gibt es Wetterberichte für Segler, die man sich nach Abschluss eines Abonnements auf das Handy spielen lassen kann. Wenn Sie berücksichtigen, dass es ein paar Meilen von der Küste entfernt keinen Handyempfang mehr gibt, ist das eine sehr brauchbare Sache für die Tagesvorbereitung im Hafen.

Interessante Internetseiten zum Thema:

http://www.segel.es/wap.html
Bietet Abos für den Segelwetterbericht per WAP auf das Handy.

http://www.segler-zeitung.de/segler-zeitung/wetter-sms/
Aboangebot der »Segler-Zeitung« für Handywetter.

Das Handy als Funkersatz

Es ist erstaunlich, wie viele Wassersportler es gibt, die ihr Boot deswegen nicht mit einem Funkgerät ausrüsten, weil sie ja ein Handy haben.

Wer so denkt, fährt üblicherweise vor allem in Küstennähe herum und ist nach einer ein- bis dreistündigen Ausfahrt wieder im nächsten Hafen. Oder aber er fährt auf einem Binnensee, wo im Prinzip das gleiche gilt: Der nächste Steg ist nie all zu weit weg.

Nun ist es natürlich so, dass man auf einem idyllischen Binnensee mit ein paar Quadratkilometern Größe in der Tat nicht unbedingt funken muss. Das sagt aber nur aus, dass es eben Segelgebiete gibt, in denen man eigentlich keine Kommunikation braucht.

Wer hingegen auf ausgewiesenen Binnen- oder Seeschifffahrtstraßen unterwegs ist, kommt um das Funkgerät nicht herum.

Schleusen und Brücken sind über Funk erreichbar, entgegenkommende Schiffe ebenso und auf See sollte man den allgemeinen Notverkehr abhören können.

Das Handy hat ein paar systembedingte Nachteile, die es als Funkersatz schlicht unbrauchbar machen:

- Es hat ab ein paar Meilen Entfernung von der Küste keine Netzverbindung mehr. Notrufe sind dann unmöglich.
- Man kann nur mit einem Teilnehmer sprechen, dessen Rufnummer man kennt.
- Man kann nicht mit mehreren Teilnehmern gleichzeitig sprechen, um eine Hilfsaktion zu koordinieren.
- Man bekommt allgemeine Warnungen überhaupt nicht mit, weil die nun mal über Funk ausgesendet werden.
- Man bekommt Notrufe nicht mit, weil der Wassersportkollege in Not 10 sm entfernt von Ihnen Ihre Rufnummer nicht kennt.

Die Kosten für ein Funkgerät sind dabei weniger das Problem, das Eigner vom Funken abhält. Sie bekommen etwa ab 140 Euro ein taugliches Gerät, dazu benötigen Sie noch eine Antenne für etwa 40 bis 50 Euro und ein paar Meter Kabel. Es ist vielmehr die Hürde, die in einem Funkschein besteht.

Zugegebenermaßen ist der Funkschein ein plastisches Beispiel dafür, was passiert, wenn man Behörden weitgehend unkontrolliert vor sich hin überwachen lässt. Der Fragenkatalog für die Prüfung ist theorielastig, hat eine beeindruckende Anzahl an überflüssigen Fragen und erscheint insgesamt aufgebläht und wenig an praktischen Erfordernissen ausgerichtet.

Aber er ist zu schaffen. Man kann sich an Segelvereine oder Segelschulen wenden. Irgendeine in Ihrer Nähe wird Kurse anbieten – und wenn man einen Kurs im Herbst oder Winter erledigt, ist die Sache zu Beginn der folgenden Saison abgehakt. Ich empfehle Ihnen, die Mühe auf sich zu nehmen, denn am Ende steht ein deutlicher Gewinn an Sicherheit.

7

BEISPIELE: WIE SEGLER IHRE BOOTE AUSRÜSTEN

Das Angebot an elektronischen Helfern ist nicht einfach zu überschauen. Dazu kommt eine grundsätzliche Frage, die sich spätestens bei der möglichen Vernetzung von Geräten stellt: Will ich segeln oder Motorboot fahren, oder will ich meinen Urlaub als Systemadminstrator verbringen? Genau den Eindruck bekommt man nämlich, wenn auf einer Messe die Hersteller auf ihre berührungsempfindlichen Bildschirme zeigen, auf denen man von der Motortemperatur über die Dimmung eines Lichtschalters in der Achterkoje alles mögliche steuern kann.

Eine einzige richtige Entscheidung gibt es schon deshalb nicht, weil eine sinnvolle elektronische Ausrüstung abhängig vom Platz auf dem Boot und vom Fahrgebiet ist. Auf einem 6,5m-Kajütkreuzer werde ich sicher kein Radargerät installieren. Erst recht nicht, wenn ich das Wochenende vorzugsweise auf der Berliner Seenplatte verbringe.

Auf Langfahrt hingegen ist ein Radargerät sicher sinnvoll, und wenn ich in verkehrsreichen Gebieten unterwegs bin, empfiehlt sich auch ein AIS-Gerät.

Außerdem gibt es Mentalitätsunterschiede, die hier sicher eine größere Rolle spielen als in anderen Bereichen, weil wir letztlich das Bootfahren als Hobby betreiben. Und Spaß soll es ja weiter machen. So wie der eine in seinen wunderschönen Holzbootklassiker nur eine Petroleumlaterne und maximal ein Funkgerät hineinlassen mag, freut sich der andere an einer möglichst kompletten Elektronik.

Ich habe ein paar Eigner gänzlich verschiedener Boote gefragt, die dazu auf unterschiedlichen Revieren unterwegs sind, wie sie ihre Boote ausgerüstet haben oder ausrüsten wollen.

Mit deren Antworten will ich gar nicht behaupten, dass das nun jeweils die bestmögliche Ausrüstung ist. Die Antworten sollen ein Überblick sein, wie Praktiker ihre Praxis auf dem Wasser gestalten. Nicht mehr und nicht weniger. Am Ende des Kapitels finden Sie noch Tipps eines Händlers; der lebt natürlich vom Verkauf der Bootselektronik, aber seine Vorschläge schienen mir ausgewogen zu sein.

Die Leisure von Renate und Uli.

Segelboot 5 bis 6 m Länge, Revier Binnen und Küste

Leisure 17 *Lorbas* – Renate und Uli

Die Leisure 17 ist ein knuffiges kleines Boot, das man immer mal wieder in den Häfen sieht. Renate und Uli fahren ihn als Kimmkieler. In einen Test der »Yacht« (18/86) wird er als sicherer kleiner Kreuzer bezeichnet, der ein gutmütiges Seeverhalten hat.

Das Boot hat vier Sitzplätze unter Deck. In der Praxis und mit Reisegepäck wird es eher von ein bis zwei Personen gesegelt.

Es gibt die Leisure als Kimmkieler und als Mittelkieler. Sie ist 5,18 m lang und hat je nach Kielversion einen Tiefgang von 65 cm (Kimmkieler) oder 1 m.

Die Kimmkielversion wird gerne im Wattenmeer gefahren, da man mit ihr gut trocken fallen kann.

Renate und Uli segeln schon seit Jahrzehnten: Berliner Gewässer, die ostdeutsche Seenlandschaft und der Bodden.

Ihre elektronische und Navigationsausrüstung besteht aus einem Echolot, einem Magnetkompass, dazu haben sie sich eine der kleinen elektronischen Wetterstationen gekauft, wie es sie immer mal wieder als Angebote gibt.

»Das Echolot brauchen wir eigentlich nicht, aber ich habe es von einem anderen Schiff übrig gehabt und dann eben eingebaut«, sagt Renate.

Da die Leisure trotz ihrer geringen Größe durchaus ein tauglicher Küstenkreuzer ist, sind die beiden mit dem Boot auch auf der Ostsee unterwegs.

Mit dem Angebot an Elektronik sind die beiden Eigner zufrieden – mehr brauchen sie nicht auf ihrem Boot. Das Echolot ist, wie man unschwer erkennen kann, ein älteres Modell und ziemlich groß geraten. Die Instrumente gibt es längst von verschiedenen Herstellern als kleine digitale Anzeigegeräte; sie können etwa die Größe der Uhr haben, die unten im Bild zu sehen ist.

In neue Elektronik für die Leisure wollen die beiden nichts mehr investieren – der Grund dafür: Sie haben sich für die kommende Saison ein größeres Boot gekauft.

So kann eine Naviecke in einem Kleinkreuzer aussehen.

Motorboot 5 bis 6m Länge, Revier Binnen und Küste

Drago 550

Die *Drago* ist ein kleines rauwassertaugliches Motorboot – bis Windstärke 8 kann man es nach Angaben seines Eigners draußen fahren.

Das Boot ist knapp 5,5 m lang und hat einen Tiefgang von 83 cm. Es hat nach Herstellerangaben zwei bis drei Schlafplätze.

Eigner Heinz fährt mit ihm auf der Schlei, um Hamburg herum, Kiel und plant im nächsten Jahr einen Urlaub an der spanischen Küste.

An seinem Steuerstand ist ein einziger Bildschirm. Das GPS-Gerät »GPS-map 420s« hat zwei NMEA-Schnittstellen. Und damit bekommt der Bildschirm weitere Funktionen dazu. Im Endeffekt hat Heinz ein AIS-Gerät und ein Echolot mit dem GPS in einem. Der AIS-Empfänger ist unauffällig im Cockpit verbaut, das Kabel wird einfach in das GPS-Gerät gesteckt. Ebenso funktioniert das mit dem Geber des Echolotes.

Heinz sagt: »Wir fahren nur noch mit dem AIS«, er weist aber auch darauf hin, dass die meisten Sportboote eben nicht damit ausgerüstet sind. Das bedeutet: Von diesen Booten kommt auch bei Kollisionsgefahr kein Warnsignal.

Ein wesentlicher Vorteil des AIS aus seiner Sicht: Es gebe demnächst kleine Tochtergeräte für die Schwimmweste. Deren Funktion: Fällt man über Bord, meldet das Tochtergerät an das AIS – der Notruf geht mit Position, Bootsname, MMSI direkt an die Notrufzentrale heraus. Sicher ist sicher.

Mit seiner Ausrüstung ist er zufrieden – er denkt aber darüber nach, einen Laptop auf dem Boot zu installieren. Den möchte er mit dem GPS verbinden. Die Vorteile aus seiner Sicht: Die Vielseitigkeit des Laptops gibt es für ein paar hundert Euro dazu, und man hat einen größeren Bildschirm.

Die *Drago 550.*

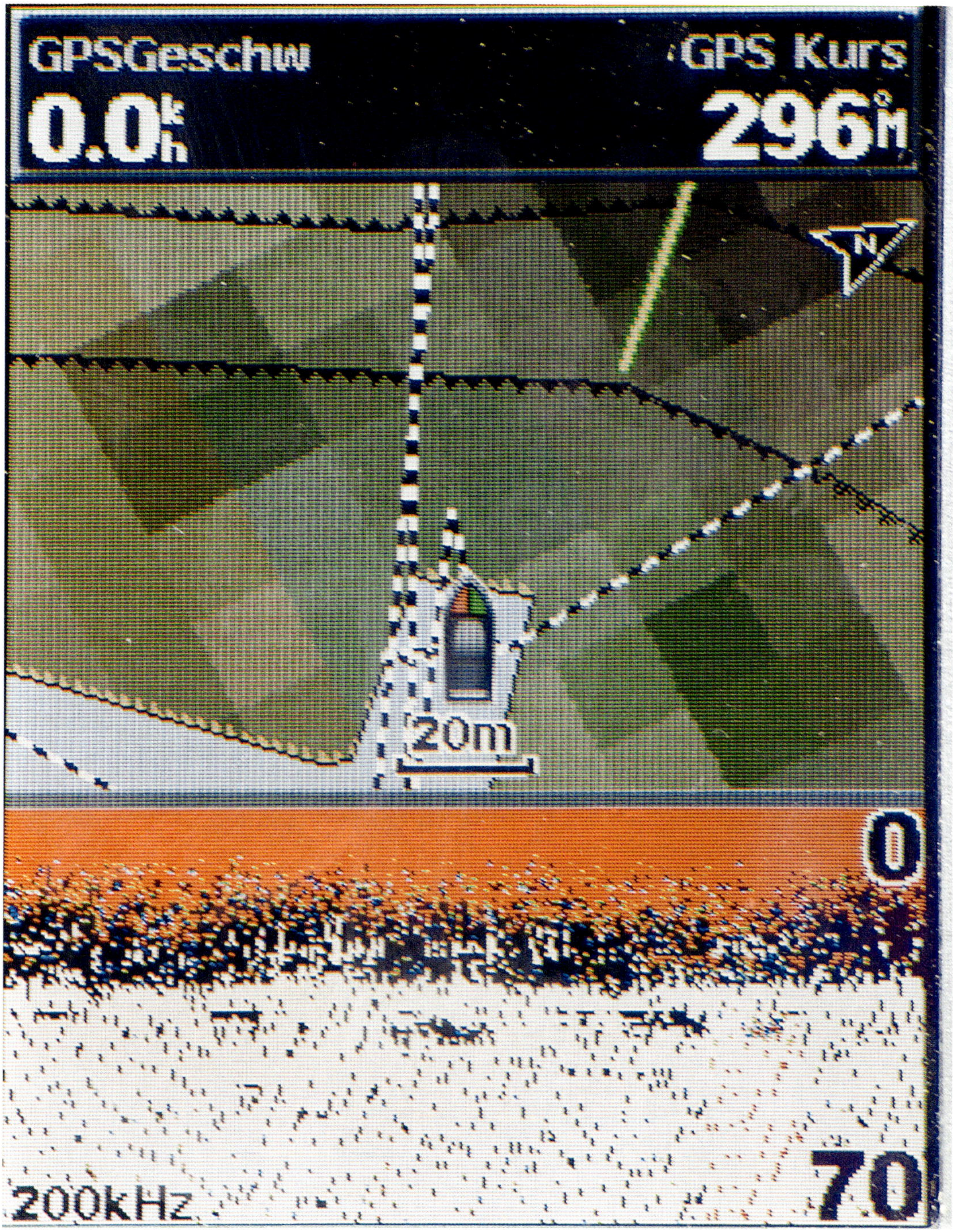

Ein Bildschirm für drei Funktionen.

Motorboot 6 bis 7 m Länge, Revier: Binnen, Küste, Ostsee

Searay c 220

Die *Searay c 220* ist ein 7 m langes Motorboot, gut geeignet für Ostseetörns. Michael hat damit auch schon ungemütliches Wetter abgeritten, »das war bei 9 Beaufort – und es tat höllisch weh«.

Ausgerüstet ist sein Boot mit einem Komplettpaket bestehend aus GPS, Radar, AIS und Echolot. Das hat ihn 2010 rund 2500 Euro gekostet.

Die Ausrüstung für Radar war eben in dem Paket inbegriffen, aber für so richtig fit für das Lesen das Radarbildes hält sich Michael nicht. Eine entsprechende Schulung will er noch nachholen – und die sei auch empfehlenswert.

Das Radar ist nicht nur einfach da, sondern muss eingestellt werden; es zeigt wahlweise die Informationen in Schiffsvorausrichtung, oder es ist nach Norden ausgerichtet. Für ein Motorboot sei es außerdem wichtig, den Winkel des Abtaststrahls einzustellen, da das Boot etwa in Gleitfahrt anders auf dem Wasser liegt als in Verdrängerfahrt.

Besonders hilfreich findet er das AIS-System. Er nutzt es gerne, um seine Freunde zu finden, die ebenfalls mit dem Motorboot unterwegs sind: »Wenn man sich unterwegs verliert, hilft es sehr gut.«

Die Installation seines elektronischen Gesamtpaketes fand Michael sehr einfach: Geräte an- und einbauen, Stecker einstöpseln, fertig. Außerdem gebe es eine Internetseite, auf der man von zuhause verfolgen kann, wo die Boote sich gerade herumtreiben.

UKW-Funk hat er nicht an Bord, will er sich auch nicht anschaffen. Ein weiteres Gerät an Bord soll ein Autopilot werden.

AIS, Radar und GPS auf einem Bildschirm: Das Elektronikpaket von Michael auf seiner *Searay*.

Segelboot 9 bis 10 m Länge, Revier: Ostsee

Nordborg 32

Die *Nordborg 32* ist ein Fahrtenschiff von 10,01 m Länge; das richtige Segelboot für Leute, die gerne lange und sicher unterwegs sein möchten.

Torsten segelt mit seiner Frau auf der Ostsee – und da so ziemlich überall: Ost-Gotland, Göteborg – er hat seinen Heimathafen an der Schlei. Als Rentner kann er sich Zeit nehmen für die Segelei. Sein hochseetüchtiges Schiff kann er mit seiner Ausrüstung überall segeln.

Die Ausrüstung besteht aus GPS mit Plotter und Autopilot. Dazu kommen UKW-Funk und Wetter (Navtex).

»Es ist bequemer geworden, seit die Elektronik mit dabei ist. Dazu kommt: Die Betonnung wird immer mehr ausgedünnt, und man sieht nicht mehr so gut wie mit 30. Dabei kann die Elektronik sehr hilfreich sein.«

Torsten hat als alter Fahrensmann den Umgang mit Papierkarten gelernt, kennt noch die frühen elektronischen Navigationsversuche mit Loran/Decca und sieht auch ein Risiko: »Elektronik verleitet dazu, lässiger zu sein. Mit Papierkarte bin ich in den Schären noch nie irgendwo aufgelaufen. Mit der Elektronik ist mir das passiert.«

Er segelt seit 38 Jahren, hat die Segelei unter anderem auf der Elbe betrieben. Was für ihn eventuell noch an Ausrüstung interessant ist: ein Radargerät wäre denkbar. Was ihn davon abhält ist, dass man erst lernen muss, das Radarbild zu interpretieren. Radarlehrgänge bei der Wasserschutzpolizei dauern länger – es ist für ihn fraglich, ob er das als Privatmann auf eigene Faust lernen kann. Außer-

Das richtige Boot für zwei Segler, die gerne lange unterwegs sind.

Die Naviecke – Elektronik und Papiernavigation haben beide Platz. Das Anzeigegerät für GPS/Plotter ist im Cockpit untergebracht.

dem befürchtet er, im Falle eines Unfalles vor Gericht auf der schlechten Seite zu stehen, wenn er mit Radar ausgerüstet ist und der Unfallgegner nicht.

Um die Sicherheit unterwegs zu erhöhen hat er noch ein eigenes Rezept: Torsten meidet wenn möglich die großen Schiffsrouten, auf denen sich Containerschiffe drängeln wie Autos freitags am Frankfurter Kreuz.

Segelboot 9 bis 10 m Länge, Revier: Ostsee um Finnland herum

Bavaria 30 *Traumzeit* – Hermann und Ulrike

Hermann und Ulrike haben ihre *Traumzeit* in Finnland liegen. Das hochseetüchtige Boot hat eine Länge von 9,45 m. Sie haben mehrere Urlaube zusammengespart und konnten sich so den Traum von drei Monaten Segeln am Stück erfüllen. Außerdem nutzen sie das Boot für die »normalen Urlaube«. Ingenieur Hermann zu seiner Elektronikausstattung: »Wir haben ein altes, gebraucht gekauftes GPS unten fest eingebaut, dazu ein billiges Funkgerät (was vollkommen ausreichend ist), ein Autoradio und (momentan nicht) einen 5-Zoll-Chartplotter zum Abnehmen in der Plicht am Steuerstand. Der Einbau der Geräte war einfach, da die Bavaria Kabel und Schalter schon ab Werft verlegt hatte.

Die Inbetriebnahme des Funkgerätes hat uns bei der Übernahme des Bootes Probleme bereitet, da die mit dem Boot gekaufte Antenne defekt war. Der ausliefernde Werftbetrieb hatte erst unser selbstge-

Die *Traumzeit*, eine Bavaria 30 in finnischen Gewässern.

kauftes Gerät in Verdacht, dann das Antennenkabel und zum Schluss endlich die Antenne selbst.

Das Funkgerät ist mit dem alten GPS gekoppelt, damit haben wir im Falle eines Notrufes (Mann über Bord = MOB) die Position direkt im Funkgerät.

Chartplotter sind ein Kapitel für sich; ich habe mich im Juni ›verkauft‹ und das Ding deshalb wieder abgegeben: Im Gegensatz zu meinem 5 Jahre alten Handgerät ließ sich nicht beliebig weit in die Karte hineinzoomen, was dazu führte, dass wir in quirligen Gebieten wie dem Hafen von Helsinki vor lauter Seezeichen nichts richtig erkennen konnten. Und die Kosten für die Kartensoftware sind happig; unser Gerät kostete 400 Euro, die Software 230 Euro. Dann muss man wissen, welche Software für welches Gebiet die beste ist, die Geräte sind nicht software-kompatibel.

Zum Autoradio: Durch den tief gelegenen Einbau bringt eine einfache Antenne oder ein Stück Draht nicht viel; eine separate UKW-Antenne im Mast oder sonstwo oben ist aufwendig, da man ein zweites Kabel benötigt. Ich will mir jetzt einen Splitter besorgen, der die Funkantenne nutzt, aber die Signale trennt – Kosten: knappe 20 Euro.

Ansonsten würde ich bei weiterer Langzeitsegelei die vorhandene Beleuchtung in Positionslampen wie auch in den Kojen durch moderne LED-Leuchtmittel austauschen, die brauchen ja viel weniger Strom.«

Segelboot 11 bis 12 m, Revier: Nordsee, Ostsee

Hanseyacht *a mare*, Ralf Ternes

»Wir verguckten uns in die Hanse 370. Ende April 2008 segelten wir unsere *a mare* von Greifswald zum Ijsselmeer und waren gleich von der Schnelligkeit, Höhe am Wind, Wendigkeit und Eigenschaften auf See begeistert. Unsere Fahrtgebiete sind Ijsselmeer, Nordsee, Englischer Kanal, Ostsee. Leider können wir in der Saison nur am Wochenende und im Urlaub segeln. Überwiegend bewegen wir uns als Fahrtensegler, kleinere Regatten sind in Planung.

Wir bestellten das Schiff mit Speed/Log/Windanzeigen von Simrad sowie einem Autopiloten, dessen Antrieb (Jefa) direkt an den Ruderquadranten andockt. DSC-Funkgerät mit Zweithörer am Steuerstand wurde gleich zu Beginn eingebaut. Ein Blaupunkt Radio mit Fernbedienung sorgt für Unterhaltung.

Nachträglich bauten wir einen Plotter von Simrad sowie das neue Broadband-Radar wegen des guten Radarbildes und der geringen Strahlung ein. Abgerundet wurde das System von einem AIS-Empfänger. Durch das Simnet Bus-System wurde die Installation stark vereinfacht: zusammenstecken, und das jeweilige Gerät läuft. Kabel wurden durch vorhandene Leerrohre problemlos verlegt. Die größte Herausforderung waren Borddurchbrü-

Ralf gibt seiner Hanse den Namen.

che – wer bohrt schon gerne Löcher in sein Schiff – und die Verlegung in die Steuersäule bzw. in das viel zu enge VA-Rohr des Haltegriffs. Ich hatte mir in den Kopf gesetzt, alles in ein kipp- und drehbares Gehäuse (Scanstrut DeckPod) einzubauen, damit man beim Steuern auf der hohen Kante Sicht auf den Plotter hat. Der Anschluss von NMEA 0183-Geräten (AIS, Funk) an Simnet erfolgte durch entsprechende Wandler.

Um zu hohes Rigg-Gewicht zu vermeiden und gegebenenfalls Reparaturen zu vereinfachen, entschieden wir uns gegen die Montage der Radarantenne im Mast. Es wurde ein flexibler Radarmast am Achterstag mit einem ölgedämpften Krängungsausgleich (Scanstrut), damit die Radarantenne auch bei Lage gerade steht.

Alles in allem ist damit eigentlich alles komplett. Was noch auf der Wunschliste steht ist ein Energiemanagementsystem, eventuell eine Solareinheit, damit trotz gezogenem Landstecker die Batterien geladen werden. Eventuell ist auch eine Fernsteuerung von Simrad sinnvoll, mit der das Schiff leicht bei Einhandmanövern vom Vordeck gesteuert werden kann.«

Segelboot 13 bis 14 m Länge

X-442 Highlander – Klaus Wode und Dorothea Schäfer

Das Revier der *Highlander* ist hauptsächlich die Ostsee in den Bereichen Dänemark, Schweden, Südnorwegen, Finnland und Polen.

Klaus und Dorothea unterhalten mit ihrem Schiff eine Charterfirma.

»An Bordelektronik haben wir einen GPS-Plotter und UKW-Funk mit GMDSS. Beide sind miteinander verbunden, damit auf der Funkanlage die genaue Position vom GPS übertragen wird (für den Seenotfall GMDSS). Außerdem gibt es ein UKW-Handfunkgerät, Wetterempfänger, Radar (Koden), EPIRB, SAR-Transponder und Handpeilkompass. Unsere X-442 *Highlander* ist von der SeeBG abgenommen und daher ist ein Großteil der Geräte vorgeschrieben.

Ein Gerät, das man auch privat ohne SeeBG-Abnahme haben sollte: einen AIS-Sender und -Empfänger. Mit AIS identifizieren sich Schiffe und geben wichtige statische, reisebezogene und dynamische Daten. Statische Daten geben Auskunft über den Schiffsnamen, das internationale Funkrufzeichen sowie Schiffstyp und Abmessungen. Reisebezogene Daten sind: aktueller Tiefgang, Bestimmungshafen und das ETA (geplante Ankunftszeit). Bei den dynamischen Daten handelt es sich um die Angabe über die Position des Schiffes, Geschwindigkeit und Kurs über Grund und das momentane Drehverhalten des Schiffes.

AIS dient der Vermeidung von Kollisionen auf See und dem automatischen Informationsaustausch zwischen Schiffen untereinander und mit Landstationen. Das Verfahren ist weltweit standardisiert und funktioniert auf allen Weltmeeren.

Wenn ein GPS-Plotter mit großem Bildschirm vorhanden ist, braucht man keinen Laptop, sonst wäre es zu empfehlen. Das neue iPad ist in Zukunft eine mögliche gute Lösung im Bereich Navigation ›im Schiff‹, denn es ist nicht wasserdicht und das Display ist in der Sonne schlecht ablesbar.

Was noch empfehlenswert wäre, ist eine Notbatterie für Funk und GPS. Sie sollte ca. in Deckshöhe eingebaut werden, um die Geräte im Notfall bei Wassereinbruch noch nutzen zu können – so wird es von der SeeBG für Berufsschifffahrt vorgeschrieben, und so ist auch auf der Highlander eingebaut.

Für die Zukunft überlegen wir, ein neues Widescreen System von Raymarine Serie C oder E einzubauen. Es hat ein gutes Widescreen Display, ist kompatibel zu NMEA 2000 und verfügt übereine integrierte GPS-Antenne. Außerdem enthält es vorinstallierte Navionics Silver Karten, Radar, Dig HD Fishfinder, Lifetag (Suchgerät am Handgelenk für MOB), Autopilot, Videokamera und vieles mehr. In der Serie E gibt es das System auch mit Touchscreen. Diese beiden Systeme sind aber noch sehr teuer.

Ob wir ein AIS-Gerät installieren, überlegen wir noch. Wenn, dann mit separater Antenne.«

Die Navigationszentrale der *Highlander*. Als Charterschiff unterliegt sie besonderen Ausrüstungsverpflichtungen.

Segelboot 14 m Länge, Revier: Ostsee, Kattegat, Skagerrak, England, Schottland, Azoren

Schoner *Tweetyisland*, Georg Kirschbaum

Die 17,40 m lange *Tweetyisland* liegt in der Marina Rünthe – nicht gerade der Platz, an dem man ein Segelboot für die große Fahrt vermutet. In dem beliebten Kanalhafen in der Nähe des westfälischen Hamm haben vor allem Motoryachten ihren Platz. Das sehr solide wirkende Schiff von Georg Kirschbaum hat eine Schonertakelung und ist, wie er sagt, »eine Mischung aus Spitzgatter und Colin Archer«. Das Boot ist im Bereich des Unterwasserschiffes aus 8-mm-Stahl; je höher es geht, desto dünner wird der Stahl, um oben Gewicht sparen zu können. *Tweetyisland* ist ein Langkieler mit entsprechend kurstreuem Verhalten und ebenso entsprechender Sturheit bei Feinmanövern im Hafen. »Feinmanöver gibt es mit dem Boot nicht; man arbeitet mit der Leine«, bescheidet der 42-jährige Skipper mit einem Grinsen.

Im Unterschied zur Ketchtakelung ist bei einem Schoner der hintere Mast der Großmast. Der entscheidende Vorteil bei einer Aufteilung auf zwei Masten ist, dass eine kleine Crew auch bei mehr Wind die rund 90 qm Segelfläche bändigen kann, die nötig sind, um das Boot voranzubringen.

Georg hat das Schiff um ein paar Meter verlängert; dabei kam es ihm auf die längere Wasserlinie an. Außerdem ergibt das zusätzlichen Stauraum für die lästigen Fender.

Seit viereinhalb Jahren baut er an dem Boot. Im Inneren sieht es vor allem nach Arbeit aus. Die Steuersäule ist oben offen, das Cockpithaus gerade fertig geworden. Im Inneren stapeln sich Werkzeuge und Bauteile. In drei Monaten will Georg mit Frau und Hund auf Langfahrt gehen. Im Lauf der Sanierungsarbeiten hat der gelernte Graveur so wertvolle Fertigkeiten wie das Schweißen gelernt. An dem erkennbar hochseetüchtigen Boot hat er die Reling höher gezogen, als das allgemein üblich ist. Im Cockpit hat er einen Gerätemast für seinen Windgenerator und die Solaranlage angebracht.

Eigner Georg drei Monate vor Beginn der Langfahrt mit offenem Abschluss – noch ist viel zu tun im Schiff...

Der selbst installierte Schaltschrank sieht aus, als könnte man damit zur Not auch ein Kohlekraftwerk überwachen.

Mit den Stromerzeugern will er seine 600 A-Batteriebank füttern. »Der Windgenerator liefert in Spitzenzeiten rund 17 Amperestunden, die drei Solarpaneele kommen auf 14 Ah Spitzenleistung«, sagt er. Um die Leistung von Solar- und Windstromerzeuger kontrollieren zu können, hat er ein Amperemessgerät zwischengeschaltet, das Stromzu- und -abfluss bilanziert. Eine gute Idee hatte er, als er am Gerätemast noch ein selbst gebautes Dämpfungselement einbaute, um die Vibrationen abzumildern, die sich aus der Arbeit des Windgenerators ergeben.

An Bord sind eine Waschmaschine und ein Kühlschrank – auch das in Hinblick auf die geplante jahrelange Fahrt.

Zur Navigationsausrüstung gehören ein Echolot und ein Kartenplotter mit Fishfinder. Der Fishfinder sei »eine nette Spielerei. Nicht unbedingt nötig, aber hilfreich, da wir unterwegs auch angeln wollen, um uns versorgen zu können.« In der Navizentrale finden sich noch zwei Funkgeräte; ein uraltes, für das es wahrscheinlich keine Zulassung mehr gibt, aber Georg mag sich von dem Gerät nicht trennen. Dazu kommt ein modernes Funkgerät mit DSC-Controller der mittleren Preiskategorie (»den Funkgeräten für 200 Euro traue ich nicht über den Weg«). Bei der Ortsbestimmung helfen zwei GPS-Antennen. Dazu kommt ein »uraltes Radar, von dem ich nicht genau weiß, ob es funktioniert, wenn ich es einschalte.«

Zusätzlich kann er seinen Weg noch auf dem Laptop mitplotten. Bei 21 t Bootsgewicht ist eine elektrische Ankerwinsch dabei, um den 40 kg schweren Anker händeln zu können. Im Masttopp sitzt ein elektronischer Windgeber. Zwar existiert noch ein mechanischer, aber vom geschlossenen Cockpit aus kann man den nicht sehen. Drei Radios komplettieren das elektronische Ensemble im Inneren.

Ansonsten gehören zur Ausstattung noch ein Ladegerät mit 50 A, ein benzinbetriebener Stromgenerator, der noch einmal 2 KW Leistung liefern kann. Ein Konverter kann 230 V Landstrom in bordverträgliche 12 V (30 A) umwandeln. Ein Spannungswandler kann den umgekehrten Weg gehen und aus 12 V 230 machen – das ist dafür gedacht, die Kaffemaschine seiner Frau betreiben zu können.

An weiterer Elektronikausrüstung hält er ein AIS-Gerät für überlegenswert. Zur Ergänzung seiner Windfahnensteuerung soll noch ein elektronischer Autopilot hinzukommen.

Georg arbeitet von morgens bis abends an dem Schiff. Im Juni 2011 soll es losgehen – auf Langfahrt für die nächsten Jahre.

Dornröschenschlaf im Kanalhafen Marina Rünthe: Der Schoner *Tweetyisland*.

Anmerkungen des Autors

Zwei Bemerkungen möchte ich noch kommentieren.

Erstens: Die Besitzer der *Leisure* meinen, dass sie das Echolot im Grunde nicht brauchen. Das mag für die Beiden zutreffen. Wer wie sie jahrzehntelang segelt, hat entsprechende Revierkenntnisse gesammelt. Grundsätzlich ist ein Echolot aber eine empfehlenswerte Sache. Die Gründe dafür: Ein Echolot erleichtert die Navigation, denn Sie bekommen mit der Tiefe einen weiteren Anhaltspunkt über Ihren Standort. Bootsfahrer sollten alle Informationen nutzen, um ihren Standort bestimmen zu können. Es war und ist keine Seltenheit, dass man sich mit Hilfe von Landmarken und einer Tiefenlinie seinen Standort ausrechnet. Wenn Sie etwa einen Leuchtturm und einen Kirchturm angepeilt und daraus Ihre Position auf der Papierkarte gezeichnet haben, wissen Sie nach einem Blick auf die Karte, dass es an Ihrem Standort beispielsweise 10 m tief sein muss. Zeigt Ihr Echolot eine Tiefe von 25 m an, dann haben Sie ein klares Signal, dass hier etwas nicht stimmt.

Natürlich liefert das GPS eine sehr genaue Position. Aber man sollte sich niemals nur auf eine einzige Quelle zur Bestimmung des Standortes verlassen. Macht man das trotzdem, geht das sogar meistens gut. Aber wenn es schief geht, dann geht es richtig schief.

Der zweite Kommentar betrifft das Funkgerät, das Michael von der *Searay* für entbehrlich hält. Meine klare Meinung dagegen: Ein Funkgerät ist nicht entbehrlich. Irrigerweise glauben manche, dass ein Handy ein komfortabler und ausreichender Ersatz für ein Funkgerät ist. Betrachtet man die systembedingten Vor- und Nachteile beider Geräte, kommt man unweigerlich zu dem Schluss, dass das nicht stimmen kann.

Mit dem Handy kann ich nur kommunizieren, wenn ich eine Telefonnummer habe. Nehmen wir den Fall, dass mein Boot auf der Ostsee ist und Wasser macht. In einiger Entfernung, aber immerhin in Sichtweite, ist ein Schiff, das mir helfen könnte. Woher bekomme ich nun die Telefonnummer des Kapitäns?

Ich kann die Seenotrettung unter 124 124 alarmieren. Aber nur, wenn ich Handyempfang habe – und damit ist es auf dem Wasser irgendwann vorbei. Selbst wenn das klappt, ist die Koordination der Hilfe ohne Funk deutlich erschwert. Zumal die Seenotrettung wahrscheinlich auch das Schiff in meiner Nähe anfunken wird, damit es Hilfe leistet. Um die nun folgende Kommunikation Seenotrettung/Hilfsschiff/Schiff in Not abwickeln zu können, ist man mit einem Handy schon überfordert. Außerdem erfährt man ohne Funk auch nichts davon, dass andere eventuell Hilfe benötigen.

Funk hat ganz klare Vorteile: Es können alle mithören. Man kann auch Boote erreichen, deren Telefonnummer man nicht hat, und man kann Boote erreichen, die zwar in Funkreichweite sind, aber nicht in Sichtweite; von deren Existenz ich im Notfall also gar nichts weiß. Außerdem kann man die Not- und Hilferufe anderer Bootsfahrer hören. Funk funktioniert auch dann noch, wenn das Handy mangels Sendemasten überhaupt keinen Empfang mehr hat.

Und hat man die entsprechenden Kanäle eingestellt, bekommt man über Funk »Securité«-Warnungen, die etwa darüber informieren, dass in Ihrem Fahrgebiet gerade ein heruntergefallener Container knapp unter der Wasserlinie treibt. Außerdem bekommen Sie Wetterwarnungen. Es gibt aber keinen Menschen, der meine Handynummer heraussucht, um mir diese Sachen mitzuteilen.

Funkgeräte sind wirklich nicht all zu teuer. Sie bekommen günstiges, gleichwohl taugliches Gerät für um die 130 Euro; der Preis kann kein Argument sein, auf Funk zu verzichten. Bevor man ein Funkgerät in Betrieb nehmen kann, muss man allerdings eine Funkprüfung ablegen.

Es gibt mehrere Funkscheine. Der häufigste dürfte das SRC (Short Range Certificate) sein. Die zuständige Bundesnetzagentur hat dafür in bürokratischer Poesie den Begriff »Beschränkt gültiges Funkzeugnis« geprägt. Mit diesem Schein kann man eine UKW-Seefunkanlage bedienen, die es gleichzeitig möglich macht, Notrufe menügesteuert als kompaktes Informationspaket abzusenden.

Zur Scheinprüfung hatte man sich einen Fragenkatalog ausgedacht, der teilweise sehr sinnvolle Prüfungsfragen enthält, teilweise überflüssige und teilweise idiotische. Immerhin ist der Katalog überarbeitet und entschlackt worden. Die neuen Prüfungsfragen gelten seit dem 1.1.2011.

Ausrüstungstipps eines Händlers

Meender Brauer verkauft seit 40 Jahren Elektronik für die Sport- und Handelsschiffahrt. Obwohl er bei der Navico GmbH in Schleswig über Beschäftigungsmangel nicht zu klagen hat, hat er freundlicherweise seine Ansicht zur Ausrüstung verschiedener Boote aufgeschrieben und mir zur Verfügung gestellt:

Boote bis ca. 8 m

Neben einem ordentlichen Magnetkompass für die Navigation sollten diese Boote ein Echolot, ein Log oder beides als Kombination und möglichst ein UKW haben, damit sie im Notfall um Hilfe bitten können. Optional wäre ein Hand-GPS oder ein kleiner Plotter empfehlenswert. Angler investieren in sogenannte Fishfinder, die es in allen Preisklassen gibt.

Boote bis ca. 10 m

Neben den Dingen, die für die 8-m-Klasse aufgeführt sind, sollte in jedem Falle ein GPS-Plotter, evtl. kombiniert mit einer Radaranlage für die sichere Navigation eingebaut werden. Bei Seglern kommt dann in der Regel eine Windmessanlage hinzu.

Optional werden hier schon AIS-Empfänger oder besser Transponder (damit auch die »Gegner« einen sehen können) eingebaut. Als Redundanz zum festeingebauten UKW wird häufig ein Handfunkgerät angeschafft, das man, falls erforderlich, beim Umstieg in die Rettungsinsel mitnehmen kann. Bei Booten ab 10 m steigt auch schon der Anteil an Autopiloten.

Boote bis ca. 15 m

Hier sind Radaranlagen und Autopiloten schon die Regel. Zusätzlich wird in mehr Sicherheit investiert, d.h. neben AIS und wasserdichten Handfunkgeräten kommen EPIRBs zum Einsatz. Bei Motoryachten mit Flybridge u. Segelyachten mit Innen- und Außensteuerstand kommt es jetzt zur »Verdopplung«, was aber in der Regel mehr der »Mutter-/Tochter«-Technologie entspricht.

Zum Thema Vernetzung: Wenn ein Autopilot nach Wegpunkten steuern soll, muss er an den GPS-/Kartenplotter über NMEA oder bei uns über Simnet angeschlossen werden. Soll er nach einer gewissen Höhe am Wind steuern, muss auch das Windmesssystem angeschlossen sein. Wenn Infos vom Lot-/Log-/Windmesssystem auf dem Plotter erscheinen sollen, dann muss das System mit dem Plotter vernetzt sein. Soll eine Radarantenne das Bild nicht nur auf einen Monitor übertragen, dann wird der zweite Monitor per Splitter/Radarinterface über Ethernet angeschlossen.

8 LED-POSITIONS-LAMPEN

LED-Lampen haben vor allem einen Vorteil: Sie fressen deutlich weniger Strom als herkömmliche Birnen. Das ist für Segler interessant, die ihren Stromverbrauch im Auge behalten müssen. Motorbootfahrer können das gelassener sehen, denn wenn sie unterwegs sind, produziert die Maschine ausreichend Strom.

Wer aber als Segler nachts öfter seine Ankerlaterne brennen lässt, interessiert sich sicherlich für stromsparende Varianten. Das gleiche gilt für Langfahrtsegler, die sich in der Nacht entscheiden müssen, ob sie die Positionsbeleuchtung aus Sicherheitsgründen brennen lassen, oder ob sie den gefährlicheren Weg wählen, die Beleuchtung auszuschalten: So sparen sie immerhin Strom, der auf einem Langfahrtsegelboot grundsätzlich knapp ist. Die Angaben liegen zwischen 85 und 95 % an Stromersparnis.

LED-Beleuchtungen verbrauchen nur einen Bruchteil der Strommenge, die sich eine gleichstarke Glühbirne einverleibt. Dazu kommt, dass die Hersteller eine lange Lebensdauer versprechen: Bis zu 50.000 Stunden soll eine LED-Beleuchtung halten. Ob sie das wirklich tut, hat sich für die Praxis noch nicht sicher erwiesen: »Wir vertreiben die LED seit drei Jahren – und haben bislang noch nicht eine gesehen, die kaputt gegangen ist«, behauptet ein Hersteller.

Ihr Nachteil: Sie sind teuer. So schlägt eine 3-Farbenlaterne gerne mit 300 Euro zu Buche. Für eine herkömmliche Laterne zahlt man vielleicht ein Drittel des Geldes.

Grundsätzlich ist die Technik robust und so gut wie wartungsfrei. Selbst wenn sie noch leuchten, sollten LED-Navigationslichter allerdings nach zehn Jahren überprüft oder besser gleich ausgetauscht werden. Der Grund dafür liegt in möglichen Änderungen der Farbe und der Leuchtstärke; Abweichungen stellt man als Skipper durch reinen Augenschein nicht sicher fest.

Für das Bootsinnere fällt die Entscheidung also leicht: Ob Salonlicht, Kajüt- oder Kartentischbeleuchtung – eine LED-Lösung ist wirtschaftlicher als die herkömmliche Glühdrahtleuchte. Mittlerweile sind auch genügend Produkte im Handel, die im Salon ein gemütlich gelbliches Licht ausstrahlen, anstelle des kalten reinweißen Lichts.

Anders sieht das bei der Navigationsbeleuchtung aus: Hier etwas Falsches einzubauen kann gefährlich sein und unter Umständen versicherungsrechtliche Nachteile mit sich bringen. Das dann, wenn im Fall eines Unfalles nachgewiesen werden

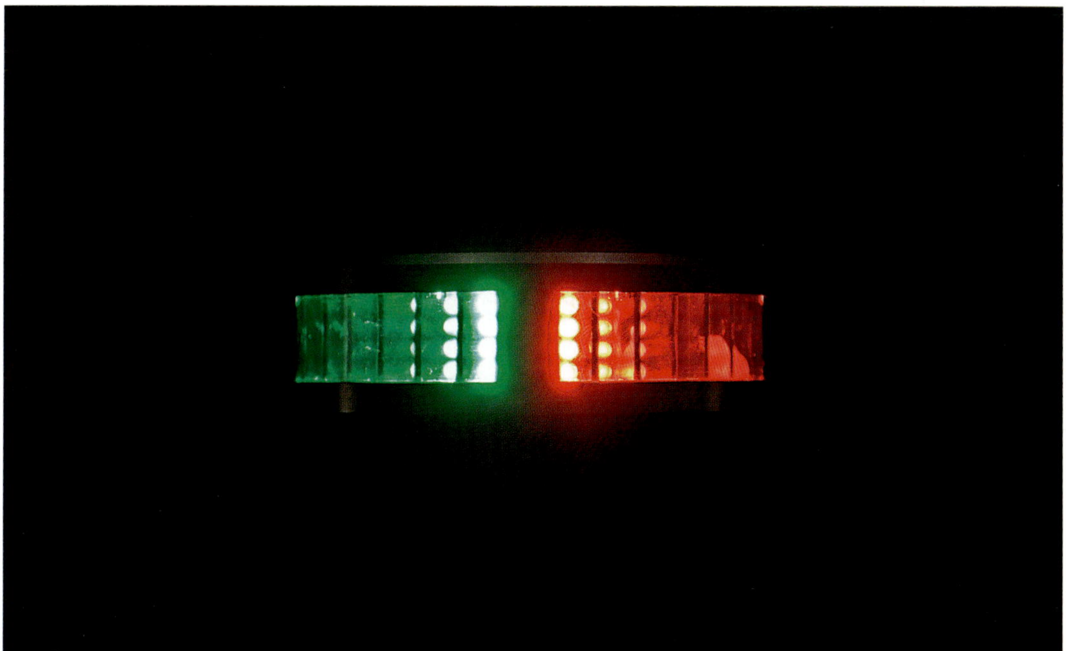

Wenn sie zugelassen sind, sind sie besser als herkömmliche Navigationslichter: LED-Leuchten.

kann, dass Ihre Beleuchtung keine offizielle Zulassung hat, und sie zum Beispiel gar nicht so weit trägt, wie sie tragen müsste. Navileuchten ohne Zulassung findet man genügend, und sie sind auch deutlich billiger als die mit Zulassung. Teilweise bekommt man sie schon für 10 oder 20 Euro.

Das Bundesamt für Seeschifffahrt und Hydrographie hat LED-Laternen bis vor kurzem nur zögerlich zugelassen. Ein Grund dafür: Wenn sie nicht elektronisch geregelt werden, altern sie schleichend. Das bedeutet: Sie verlieren an Tragweite. Der Skipper bemerkt das nicht.

Mittlerweile sind aber einige Produkte mit dem begehrten BSH-Stempel auf dem Markt. Die verkaufen sich allerdings noch nicht in Massen. »Der Preis schreckt die Leute noch ab«, meint ein Hersteller auf der Hanseboot 2010.

Bis vor einiger Zeit (2009) konnte die Beleuchtung für Boote nur vom BSH abgesegnet werden. Jetzt ist das komplizierter geworden; die EU hat sich der Sache angenommen und will das System harmonisieren.

Das System sieht für die Sportschifffahrt grob Folgendes vor:

- Innerhalb der EU können Skipper sich eine Navigationsbeleuchtung kaufen, die in **einem** EU-Staat für diesen Zweck zugelassen ist.
- Das gleiche gilt für Beleuchtungen, die eine Zulassung für die gesamte EU haben.

Die EU hat Symbole festgelegt, anhand derer man als Käufer feststellen kann, ob das jeweilige Produkt auf Booten zur Navigation verwendet werden darf. Wenn auf den Leuchten ein Steuerrad aufgedruckt ist, können sie im Seebereich verwendet werden. Wenn auf den Leuchten ein Ankersymbol aufgedruckt ist, sind sie für den Binnenbereich zugelassen. Wer also sowohl binnen wie auch buten fährt, sollte am besten beide Symbole auf seinem Navigationslicht haben.

Eine denkbare Alternative wären noch LED-Teile, die genau in den Sofitteneinsatz einer herkömmlichen Leuchte hineinpassen. Nach Auskunft des BSH gibt es aber bislang nur eine einzige Lampe dieser Art von der Firma Hella, die die BSH-Zulassung bekommen hat.

Einbau/Installation

Wie baue ich eine LED-Laterne ein? Ganz einfach: Nicht anders als eine herkömmliche Laterne auch. Sie wird dort festgeschraubt wo sie hin soll und kommt an den 12V-Bordstrom.

Der Einbau gliedert sich in folgende Schritte:

- Befestigung der Laterne am Masttopp.
- Befestigung des Stromkabels an der Laterne.
- Verlegung des Stromkabels (bei Segelbooten: durch den Mast).
- Verbindung des Stromkabels mit der Bordstromversorgung.

Die Halterung am Masttopp wird bei Aluminiummasten normalerweise mit Blindnieten befestigt. Dazu müssen Sie passende Löcher in den Mast vorbohren. Für Blindnieten (auch Poppnieten genannt) benötigt man eine Extrazange.

Besondere Aufmerksamkeit sollten Sie bei der exakten Positionierung der Leuchte walten lassen. Da viele Masten eine Neigung nach achtern haben, müssen Sie die beim Anbau berücksichtigen.

Bringen Sie Ihre Positionsbeleuchtung am Bugkorb oder beim Motorboot an den Aufbauten an, gilt analog dazu: Achten Sie darauf, dass Abstrahl- und Neigungswinkel eingehalten werden.

Tipp:

Achten Sie darauf, dass Ihre Laterne nicht der Windex oder der Windmessanlage ins Gehege kommt, die ebenfalls im Masttopp ist.

Interessante Internetseiten zum Thema:

http://kleinboote.at/LED-Positionslicht-Navigationsleuchte-Innenbeleuchtung
Händler mit Zubehör, der sich auf Kleinboote spezialisiert hat.

http://www.bsh.de/de/Schifffahrt/Sportschifffahrt/Navigationslichter/LED-Technik.pdf
Infoblatt des BSH zu Navileuchten mit LED-Technik.

9

ENERGIE-GEWINNUNG: WIND- UND SOLARENERGIE

Wenn dutzende Geräte nach Kräften die Energie aus unserem Stromtank saugen liegt die Frage nahe, ob man dem etwas entgegensetzen kann. Möglichkeiten gibt es durchaus – sogar recht viele. Da wäre der Benzingenerator, der bewährt und zuverlässig ist und ordentlich Elektronen in die Batteriebank pumpen kann. Allerdings wird dafür weiterer Brennstoff an Bord benötigt. Außerdem produzieren die Geräte neben der Energie auch erheblichen Lärm – trotz der Bemühungen der Hersteller, die Generatoren so leise wie möglich zu konstruieren.

Brennstoffzellen sind vielversprechend. Auch sie brauchen Brennstoff, und die Technik ist erst dabei, sich an Bord durchzusetzen. Dabei liegen die Probleme weniger in der Technik als vielmehr in den hohen Preisen für die einzelnen Komponenten. Dazu kommt, dass noch keine flächendeckende Brennstoffversorgung in den Marinas existiert. Erst recht bei exotischen Zielen wird man in kaum einem Zubehörladen Wasserstoff, Methan oder Methanol bekommen können.

Eine brauchbare Alternative besteht in Solarpaneelen zusammen mit oder alternativ zu einem Windgenerator. Von der Hoffnung, dass man damit unabhängig von externer Stromversorgung ist, sollte man sich befreien. Aber einen Vorteil hat man selbst bei kleiner Ausbeute: Die Lebensdauer der Batterie wird verlängert und damit ihre Zuverlässigkeit erhöht. Denn je mehr Strom nachgeladen wird, desto geringer ist das Risiko, dass unser Stromspeicher zu tief entladen wird. Wer nämlich die Kapazität seiner Batterie bis zur Neige auskostet, macht dies auf Kosten ihrer Haltbarkeit. Der Nachteil soll auch nicht verschwiegen werden: Sowohl Solarzellen als auch ein Windgenerator verbrauchen Platz und sind bei der Wahl ihres Aufstellungsortes durchaus wählerisch. Die Lichtzelle darf nicht im Schatten liegen, der Windgenerator muss Wind abbekommen können und entsprechend exponiert aufgestellt werden. Allerdings haben die beiden Stromlieferanten eine bestechende Gemeinsamkeit: Einmal installiert sind sie weitgehend wartungsfrei, und sie liefern die Energie kostenlos.

Windgenerator

Was für eine Ausbeute kann ich von einem windgetriebenen Minikraftwerk erwarten? Die Antwort ist abhängig von der Leistungsfähigkeit des Windgenerators und von der Windmenge, die ihm zur Verfügung steht – und damit von Ihrem Segelrevier. Entsprechend groß ist die Bandbreite. Rechnen Sie im ungünstigsten Fall mit 10 Ampere innerhalb von 24 Stunden und im günstigsten Fall mit rund 150. Hier bleiben Ihnen intensive Gespräche mit Herstellern auf einer Messe nicht erspart. Der Eigner der *Tweetyisland* (siehe Kapitel »Wie Segler ihre Schiffe ausrüsten«, S. 120) spricht von einer Spitzenleistung von rund 17 Ah. Das reicht immerhin aus, um seine komplette Batteriebank in eineinhalb Tagen von leer auf voll zu bringen. Allerdings darf man nicht unterstellen, dass der Wind ständig so weht, dass er das Gerät zu Höchstleistungen treibt.

Grundsätzlich ist ein Windgenerator umso leistungsfähiger, je größer seine Rotorfläche ist. Die ist aber wieder begrenzt durch die Größe Ihres Bootes und den Platz, der zur Verfügung steht.

Auch Windgeneratoren machen Lärm. Deswegen sind sie üblicherweise abzustellen, so dass ihr Surren am Ankerplatz nicht nerven kann. Verschiedene Hersteller bieten Geräte an, die auf geringe Lautstärke hin optimiert sind. Generell können Sie davon ausgehen, dass Ihr Kleinkraftwerk umso leiser ist, je mehr Rotorblätter es hat. Typisch sind drei, fünf oder sechs Blätter.

Je nach Modell müssen Sie mit Preisen zwischen 600 Euro und 3000 Euro für Windgenerator und Regler rechnen. Es ist besser, bei der Auswahl des Reglers – sofern Ihrem Paket keiner beiliegt – die Empfehlungen der Generatorenhersteller zu beachten, da die Regler an die Geräte angepasst sein müssen.

Einbau/Installation

Der Windgenerator alleine nützt Ihnen nicht viel: Sie benötigen dazu einen Laderegler. Der sorgt dafür, dass Strom entsprechend dem Batterietyp eingespeist wird – und er verhindert, dass Ihre Batterie überfüttert wird, wenn sie voll ist. Dadurch, dass der Generator an Bord möglichst frei stehen sollte ergibt sich, dass er auf einem Gerätemast am besten untergebracht ist. Achten Sie also darauf, dass ein Laderegler beim Gerät dabei ist.

Für die beste Windausbeute sollte der Generator auf einem Gerätebügel oder -masten stehen. Ist der nicht vorhanden, muss auch er nachgerüstet werden.

Der eigentliche Aufbau ist in den mitgelieferten Anleitungen meist sehr gut beschrieben. Da die Geräte sich zum Wind ausrichten, muss der Montageplatz so ausgesucht werden, dass der Windgenerator in jeder Position arbeiten kann. Sehr gut gefallen hat mir die Idee, zwischen Montageort und Generator noch ein Dämpfungselement einzubauen, das die Vibrationen deutlich vermindert.

Pfiffige Idee: ein selbstkonstruiertes Dämpfungselement vermindert Vibrationen, die vom Generator auf dem Rumpf übertraten werden. Es gibt diese Elemente aber auch zu kaufen.

Die Kabel müssen vom Generator zum Laderegler geführt werden, und von dort zur Batterie.

Insgesamt gesehen kann man von einem Windgenerator zwar keine Wunder erwarten – aber er ist in der Lage, die Energiebilanz Ihres Bootes stark zu verbessern. Zumindest verlängert er die Zeit deutlich, die Sie ohne Landstrom auf dem Boot verbringen können.

Interessante Internetseiten zum Thema:

www.silentwind.de
Hersteller
www.windenergy.com
Herstellerseite der Firma Airmarine
http://www.solarlink.de/windgeneratoren.htm
Händler für regenerative Energietechnik

Solarpaneele

Die Energieausbeute bei Solarzellen ist nicht ganz so erfreulich wie die bei Windgeneratoren. Immerhin bieten sie zusätzliche Ampere auf längeren Fahrten. Solarpaneele können sehr interessant sein, wenn Sie Ihr Boot eher an den Wochenenden nutzen, während es unter der Woche an seinem Liegeplatz liegt. So mancher Eigner bringt seine Lichtzellen an der Persenning des (Klein-)Bootes an. Die füllen die Batterie zwar langsam, aber stetig.

Kostenlose Stromtankstelle, während das Boot in der Box liegt: Solarzelle an der Persenning befestigt.

Ansonsten hilft Sonnenstrom zumindest dabei, die Energiebilanz zu verbessern. Händler, die Solaranlagen speziell für Boote anbieten gibt es genug, und damit ist die aggressive Umgebung von Salzwasser und UV-Strahlen keine Schwachstelle dieser Technik mehr.

Wenn Sie sich auf dem Markt für Solarzellen umsehen, werden Sie auf den Begriff »Spitzenleistung« stoßen. Wie der Name schon andeutet, ist die Spitzenleistung das, was die Zellen unter besten Bedingungen hergeben können. Also ein reiner Laborwert – aber trotzdem nicht uninteressant. Die Spitzenleistung wird in Wattpeak (Wp) angegeben. Nehmen Sie den Wattpeak mal vier, dann haben Sie einen Anhaltspunkt dafür, was das Produkt an einem durchschnittlichen Sonnentag leisten kann. Die Wattzahl geteilt durch 12 ergibt folglich die Ampere, die aus Ihrem Solarmodul in die Batterie tröpfeln.

Beispiel: Sie haben ein Modul gekauft, dessen Spitzenwert mit 90 Wp angegeben ist. Mal vier bedeutet 360 W als Tagesleistung; geteilt durch 12 V erhalten Sie 30 A. Das ist für viele Boote weniger, als sie am Tag verbrauchen, aber schon ein beachtenswerter Anteil an der Stromversorgung.

Vorab müssen Sie sich für eine von mehreren Arten von Solarzellen entschieden. Dünnschicht- oder amorphe Zellen haben zwar eine nur wenig beeindruckende Leistung; sie liegt bei maximal 10 % der eingefangenen Sonnenenergie. Aber diese Zellen sind flexibel – und das macht sie für einige Bereiche interessant. Eine zweite Variante sind polykristalline Zellen, deren Leistung immerhin schon bei 10 bis 15 % liegt. Und schließlich gibt es noch monokristalline Zellen, die mit maximal 20 % zu den effizientesten gehören. Es wird Sie nicht wundern, dass die leistungsfähigen Module auch die teuersten sind.

Einbau/Installation

Neben dem Solarmodul benötigen Sie einen Laderegler sowie ein paar Meter Kabel, um das eine mit dem anderen zu verbinden und beides schließlich an die Batterie anzuschließen. Je nach Art des Ein- oder Anbaus wird noch der Preis für eine Montagehalterung dazu kommen.

Man kann Solarmodule auf einem Lukendeckel anbringen, achtern auf einer Backskiste oder einfach auf einer freien Fläche auf dem Vordeck oder auf einem festen Kajütdach. Auf jeden Fall sollten die Module trittfest sein, denn de facto wird jeder Bereich auf einem Boot irgendwann einmal betreten. Auf ein trittfestes Modul können Sie verzichten (und damit Geld sparen), wenn Sie sich dafür entscheiden, es an einem Geräteträger zu befestigen oder aber an die Reling zu hängen.

Ein sonniges Plätzchen für das Modul auf dem Vordeck. Hier ist auch gut zu erkennen, wie das Kabel auf dem Weg ins Bootsinnere wasserdicht geführt wird, in diesem Fall über eine Muffe.

Solarmodule reagieren auf Abschattung mit deutlichem Leistungsabfall – auch dann, wenn nur ein kleiner Teil des gesamten Moduls im Schatten liegt. Das liegt daran, dass die einzelnen Zellen in Reihe geschaltet sind. Damit liegt es am schwächsten Glied in der Kette, wie viel Energie in Ihrer Batterie ankommt.

Wenn Sie flexible Solarmodule haben, reicht es, einen Platz für die Anbringung zu suchen, der möglichst die ganze Zeit von der Sonne beschienen werden kann. Ansonsten müssen Sie außerdem beachten, dass nicht-flexible Module es nicht gut vertragen, wenn man sie auf gewölbten Flächen anbringt.

Platz für eine Bohrung und damit für das Kabel zum Laderegler findet sich daneben immer. Mit Montagekleber und Dichtmasse fixieren Sie das Solarmodul und dichten die Bohrung ab (oder Sie verwenden eine Muffendichtung). Den Laderegler kann man gut im Schaltschrank unterbringen – er ist schließlich dafür da, die wichtigen Elemente Ihres elektrischen Nervensystems an einem Ort zu bündeln, und dort sind seine Angaben auch ablesbar.

Interessante Internetseiten zum Thema:

http://www.solarlink.de/solarmodule.htm
Händler für Solarmodule und entsprechendes Zubehör.
http://www.solara.de
Hersteller von Solarmodulen.

Fazit:
Es spricht nichts dagegen, sowohl Windenergie als auch Sonnenenergie zusammen zu nutzen, um Ihre Unabhängigkeit von der Landsteckdose zu vergrößern. Sie brauchen aber für beide ein eigenes Ladegerät. Dafür können Sie überlegen, sowohl den Windgenerator als auch das Solarmodul an einem Geräteträger oder -masten zu befestigen. Die Entscheidung dafür hat vor allem ein optisches Handicap. Solche Träger machen das Boot in den seltensten Fällen schöner – aber sie sind nützlich. Für Langzeitsegler ist die Schönheit eine nachrangige Überlegung, hier zählt das Ergebnis, und das wird in Ampere gemessen.

Wochenend- oder Binnensegler mit Stromverbrauch brauchen sicher keinen Windgenerator, können aber von der Leistung eines Solarmoduls profitieren, da ihr Boot die meiste Zeit in der Box liegt – und in dieser Zeit Strom produziert.

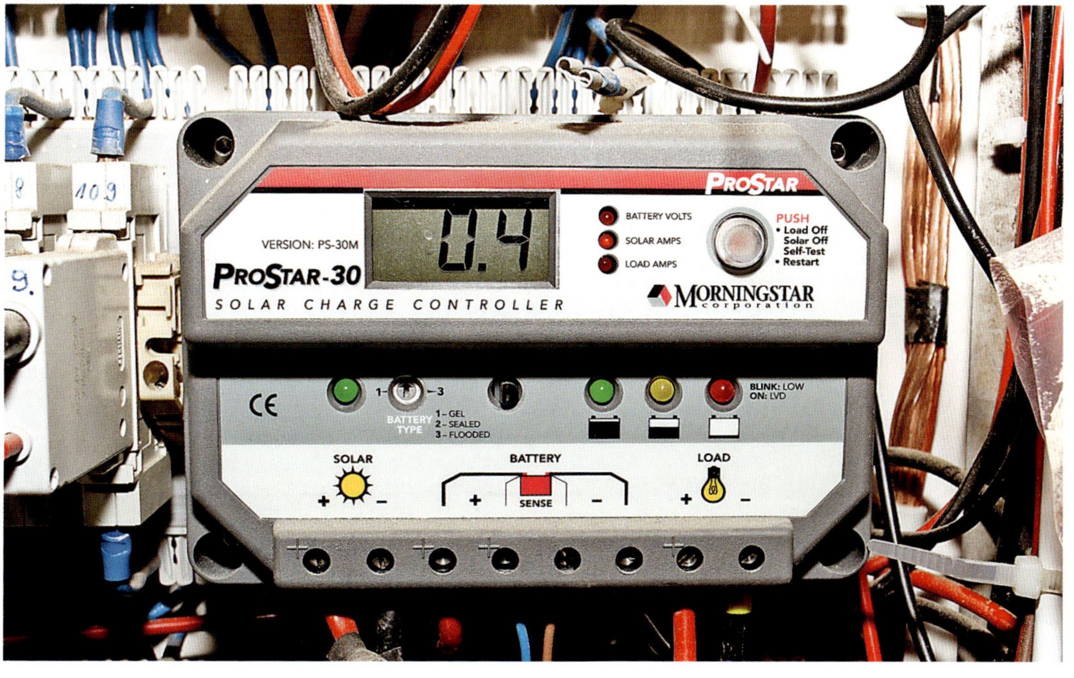

Dieser Solarladeregler liefert Ihnen einen permanenten Tätigkeitsnachweis Ihres Lichtkraftwerkes.

10 BEGRIFFE UND ABKÜRZUNGEN

App

Kurzform für Application. Im Prinzip ist damit jede Form von Software gemeint, die man auf einem iPhone oder einem iPad nutzen kann. Da auch andere Hersteller nachziehen und Programme für ihre Handys oder Tablet-PCs anbieten, weitet sich der Begriff auch auf Programme aus, die außerhalb der Applewelt existieren.

ARPA (Automatic Radar Plotting Aid)

Eine Funktion, die manche Radargeräte haben. Mit ARPA können Sie Objekte auf dem Radarschirm markieren. Sie erhalten dann zum Beispiel die Peilung zum Objekt, dessen Kurs und Geschwindigkeit.

ATIS (Automatic Transmitter Identification System)

Auf Deutsch etwa: Automatisches System zur Identifizierung eines Senders. Es wird im Binnenschifffahrtsfunk gebraucht und funktioniert ohne Ihr Zutun. Jedenfalls dann, wenn Sie eine ATIS-Anlage zum Funken benutzen. Nachdem Sie einen Funkruf ausgesendet haben, schickt das System automatisch einen Zahlencode in den Äther, mit dessen Hilfe sich Schiff und Eigner identifizieren lassen.

Backbone

Bedeutet soviel wie Rückgrat und ist der Hauptstrang eines Netzes, in unserem Fall der eines Bus-Netzes.

BSU (Bundesstelle für Seeunfalluntersuchung)

Eine Einrichtung des Bundes, die nach Seeunfällen tätig wird. Sie analysiert den Unfallhergang, begutachtet den Schaden und gibt schließlich aus einem Unfall resultierende Sicherheitsempfehlungen für die Seefahrt heraus.

Bus

Name für ein System zur Datenübertragung aus der Computertechnik. Bei einem Bus-System sind die angeschlossenen Geräte über einen gemeinsamen Übertragungsweg miteinander verbunden und tauschen darüber Daten aus.

COSPAS/SARSAT

COSPAS/SARSAT ist ein Rettungssystem auf Satellitenbasis: Insgesamt zehn Satelliten erfassen Notrufe von EPIRB-Bojen, lokalisieren sie und leiten sie an die Rettungsstationen weiter. Diese koordinieren den weiteren Einsatz. Das System funktioniert international.

DSC (Digital Selective Call)

Digitaler Selektivruf. Die Abkürzung bezeichnet ein digitales Anrufverfahren im Seefunk. Man kann eine ganz bestimmte Funkstelle anrufen, alle Schiffe oder alle Funkstellen in einem definierten Bereich. Man kann menügesteuert die Art des Funkrufes (etwa: Notruf wegen Wassereinbruch) auswählen. Nach dem Absenden wird automatisch der Absender, dessen Position und MMSI-Nummer angezeigt.

Man entscheidet per Menü, ob der Funkruf ein Notruf, ein Dringlichkeitsruf, eine Sicherheits- oder eine Standardmeldung ist. Dazu kann man die Art eines Notfalls (Wasser im Schiff, Grundberührung etc.) auswählen. Außerdem haben Funkstellen, die mit DSC ausgerüstet sind, eine Art »Telefonnummer«; sie können also direkt angewählt werden.

Empfänger eines DSC-Rufes bekommen diesen als Klartext im Display angezeigt, zudem werden sie optisch und akustisch darüber informiert, dass ein Ruf eingegangen und im Gerät gespeichert ist.

EPIRB (Emergency Position Indicating Radop Beacon)

Eine tragbare Bake, die bei Überbordgehen eine Notmeldung an einen Satelliten sendet. Auf diese Weise wird ein Rettungssystem in Gang gesetzt. Moderne Geräte funken die Position über ihr internes GPS mit.

GPS (Global Positioning System)

Satellitengestütztes System zur Positionsbestimmung.

DGPS (Differential GPS)

Erweiterung des GPS um die Möglichkeit, Signale von Bodenstationen verarbeiten zu können. Das bringt eine Verbesserung der Positionsgenauigkeit.

GRIB (Gridded Binary)

Es handelt sich um ein Datenformat. GRIB-Daten werden gerne in Zusammenhang mit meteorologischen Informationen verwendet.

GMDSS (Global Maritime Distress and Safety System)

Ein weltweit vereinbartes Seenot- und Funksystem für die Schifffahrt. Der Begriff steht für eine Sammlung von Regeln, technischen Standards und Dienstleistungen, um die Kommunikation im Seenotfall einheitlich zu gestalten. GMDSS ist ein Teil von → SOLAS.

Grenzwelle

Frequenzbereich zwischen Mittel- und Kurzwelle. Er liegt im Bereich von 1605 kHz und 3800 kHz. Die Reichweite liegt tagsüber bei maximal 500 km, nachts bei rund 4000 km.

INMARSAT (International Maritime Satellite Organisation)

Internationale Organisation für maritime Satelliten. Ein Dienstleister, der verschiedene satellitengestützte Kommunikationsangebote macht. Dazu gehörte der mittlerweile eingestellte Inmarsat E-Dienst für Notrufe auf See oder auch Inmarsat-B, das im Rahmen des → GMDSS weiter aktiv ist. Inmarsat betreibt vier Satelliten, die fast die gesamte Erdoberfläche nach Signalen abtasten.

Kurzwelle

Frequenzbereich von 3 MHz bis 30 MHz. Wellenlänge: 10 m bis 100 m. Kurzwellen werden als Bodenwellen abgestrahlt und haben als solche eine Reichweite bis maximal 100 km. Technisch interessant ist ihre Eigenschaft, besonders gut von der Ionosphäre reflektiert zu werden. Deswegen wird sie als »Raumwelle« in Richtung Erdatmosphäre abgestrahlt. Dort wird sie reflektiert, gelangt zu Boden, wird wieder reflektiert und so fort: Sie kann bei guten Bedingungen die Erde umlaufen.

Langwelle

Frequenzbereich 30 bis 300 Khz. Wellenlänge: 1000 bis 10.000 m. Sie werden von Rundfunksendern, Amateurfunkern, Funkfeuern und dem Funknavigationssystem Loran C genutzt.

Mittelwelle

Frequenzbereich: 300 Khz bis 3000 Khz. Wellenlänge: 100 m bis 1000 m. Sie kann große Reichweiten haben und wird von Rundfunksendern und Amateurfunkern genutzt.

NMEA 0183

Sehr gebräuchliches Protokoll für Geräte an Bord. Ein Protokoll regelt, wie Geräte miteinander Daten so austauschen können, dass diese auch genutzt werden können.

NMEA 2000

Netzwerkstandard für Bus-Systeme. Im Bereich der Sportschifffahrt ist NMEA quasi der Referenzstandard und gilt als zukunftssicher.

PACTOR (PACket Teleprinting Over Radio)

Eine Betriebsart im Amateurfunk. Sie dient dazu, Daten im Amateurfunk zu übertragen. Um PACTOR zu nutzen, benötigt man ein Extragerät und dazu passende Software. Die besondere Fähigkeit von PACTOR ist es, die Daten auf Fehler zu kontrollieren. Das ist notwendig, um auf den Frequenzen im Amateurfunk fehlerfrei Bilder, Texte und sonstige Dateien übertragen zu können.

Plotter

Bildschirm für Daten; mindestens die aktuelle Position kann ein Plotter mit GPS-Hilfe anzeigen, meist aber deutlich mehr Informationen wie etwa Tiefenangaben, AIS-Daten etc.

Solas (International Convention for the Safety of Life at Sea)

Internationale Übereinkunft für die Sicherheit von Menschenleben auf See. Es handelt sich um eine Übereinkunft der UN. Sie beschäftigt sich mit der Definition von Mindeststandards beim Sicherheitsmanagement, technischer Ausrüstung, Besatzung, Ladung und Rettungsmitteln.

Die Solas ist ursprünglich eine Reaktion auf den Untergang der Titanic. Aktueller Beitrag der Solas zur Schiffsicherheit ist die Diskussion um die Konstruktion von Doppelhüllenschiffen.

Schnittstelle

Den Begriff kennen die Meisten aus der Computerei: Schnittstellen sind Berührungspunkten von Systemteilen, die ohne weitere Hilfe nicht direkt miteinander zu verbinden sind. So werden Drucker und PC etwa über die USB-Schnittstelle miteinander verbunden.

UKW (Ultrakurzwelle)

Frequenzbereich: 30 MHz bis 300 MHz. Wellenlänge: 1 bis 10 m. Sie wird genutzt für Mobilfunk, Flugfunk, Seefunk, Fernsehen und für den Rundfunk. Auch AIS-Geräte nutzen Frequenzen im UKW-Bereich.

WAP (Wireless Application Protocol)

Ein Protokoll für Mobiltelefone. Sein Ziel ist es, Internetinhalte auch auf das Handy bringen zu können. Dabei berücksichtigt das Protokoll, dass die Übertragungsgeschwindigkeiten bei Handys langsamer sind als die gebräuchlichen Internetverbindungen für Computer. Aktuelle Standard ist WAP 2.0.

Zum Schluss: Danke schön an ...

... meine Freundin **Susanne Plohmann**. Sie hat an diesem Buch als Fotografin und Korrekturleserin gearbeitet. Für die Frage »kann man diesen Text verstehen« ist sie quasi die Qualitätskontrolle. Und die Frage habe ich ziemlich häufig gestellt. Ich habe die stille Hoffnung, dass die Arbeit an einem Buch über elektronischen Kram in einem Boot sie über Umwege dazu bringen kann, ihr Handy (geschätztes Baujahr etwa 1910) gegen ein moderneres Gerät einzutauschen.

... die **Eigner**, die mir auf verschiedenen Wegen Auskunft über ihre elektronische Bordausrüstung und ihre Meinung dazu gegeben haben: Dieser Abschnitt war mir sehr wichtig als Realitätsabgleich. Denn was tatsächlich so auf den Gewässern an Elektronik genutzt wird stellt sich schon etwas anders dar als das, was auf Messen für unverzichtbar gehalten wird.

Ralf Ternes hat an einem kalten Januartag die Heizung auf seiner Hanse angeworfen, damit die Temperatur wenigstens innen zweistellig wurde und wir so die technischen Innereien seines Bootes fotografieren konnten.

Hansjörg Bosch brachte einen prallvollen USB-Stick mit Fotos der Restaurationsarbeiten an seinem Boot mit auf die Düsseldorfer Messe: Ein Alukasko, das er in zwei Jahren komplett selbst ausgebaut hat, verdient eigentlich ein eigenes Buch.

Rainer Knappheide von der Firma AWN in Bochum. Er handelt mit Bootszubehör und hat uns erlaubt, die für uns wichtigen Fotos in seinem Geschäft zu machen. Die Gegenleistung: Auf einigen Fotos habe ich das Logo von AWN mit abgelichtet. Ich finde das okay dafür, dass wir in seinem Geschäft mehrere Quadratmeter mit Beschlag belegt haben, um das fotografisch Notwendige an Licht, Stativen und Hintergrund aufzubauen. Außerdem hat sein freundlicher Mitarbeiter mit Engelsgeduld Packungen aus den Regalen geholt, Geräte ausgepackt, und er hat nicht einmal mit der Stirn gerunzelt, wenn auch die Kleinteile wie Schrauben und Bolzen aus den Plastiktütchen gefummelt werden mussten, damit auch die aufs Foto kommen. Das Ganze hat stundenlang gedauert, und die beiden haben das mit bewundernswerter Gelassenheit ertragen.

Meender Brauer von der Firma Navico hat Fragen beantwortet und mir freundlicherweise auch einen Text zur Verfügung gestellt, in dem er aufgelistet hat, wie er verschiedene Boote ausrüsten würde.

Hermann Mahlert hat das Manuskript gelesen und einmal mehr seinen Teil dazu beigetragen, Fehler auszumerzen. Als insgesamt sachlich orientierter Ingenieur hat er allzu clowneske Formulierungen angemarkert, die mir gelegentlich herausrutschen.

Lutz Heinbach ist mit seiner Segelschule in Hagen Anlaufpunkt, Kritiker, Fragenverteiler und Wissensquelle für alles Mögliche. Ohne seine Kontakte wäre es erheblich schwieriger geworden, für die ein oder andere Frage einen kompetenten Ansprechpartner zu finden oder einfach einen Segler, der sich als Fotomodell hergibt.

Fotos für dieses Buch waren immer wieder ein wichtiges Thema. Dazu haben mehrere Firmen ihr Bildmaterial beigetragen – anders geht es kaum, denn man hat schließlich als Autor nicht Navigationselektronik für mehrere tausend Euro im Büro herumliegen, die man bei Bedarf fotografieren kann. Die Firmen **ICOM, M-Tech, Mörer-Schiffselektronik** und **ten Haaft** haben nicht nur unzählige Fragen beantwortet, sondern sich auch darum gekümmert, mir Bildmaterial zu schicken. Ich finde es nur in Ordnung, meine Leser darum zu bitten, die Produkte dieser Firmen besonders zu beachten, denn in diesen Firmen findet man meist Leute, die ihre Produkte und deren Einsatzmöglichkeiten sehr genau kennen und die deswegen auch detailliert Auskünfte geben können.

Dass es auch anders geht habe ich bei den Versuchen erfahren, Informationen von Computerherstellern zum Thema Tablet-PC an Bord zu bekommen: Hier wurde ich häufig an Marketing- und Werbebüros verwiesen, deren Spezialität eher die Erstellung bunter Broschüren ist. Bei denen hatte ich öfter den Eindruck, dass sie eine spezielle Anfrage vor allem als Sabotage betrieblicher Abläufe begreifen. Folgerichtig schickten sie nur schnell verfügbares Werbematerial auf den Weg.

Habe ich noch jemanden vergessen? Wahrscheinlich. Bitte nicht böse sein ...

ANHANG

11

Energiebilanz	(Ah)	Std./Tag (LZ)	Tagesverbr. (Ah x LZ)
Verbraucher			
Licht:			
Kabinenlicht			
Salonlicht			
Navigation:			
AIS			
Autopilot			
Echolot			
GPS			
Logge			
Radar			
Radarreflektor (aktiv)			
Funk			
Laptop			
Plotter			
Wetter/Navtex			
Windanzeiger			
Positionslicht:			
Positionslicht			
Ankerlicht			
Sonstiges:			
Ladegerät Handy etc.			
Kühlschrank			
TV/Sat			

Summe Tagesverbrauch:

Summe Tagesleistung:

	(Ah2)	Std./Tag (LZ2)	Tagesleist. (Ah2 x LZ2)
Energielieferant:			
Solarpaneel			
Windgenerator			
Schleppgenerator			
Benzingenerator			

Bilanz:

Zum Weiterlesen aus dem Verlag pietsch

… aus der Reihe »Jetzt helfe ich mir selbst«

Band 1:
Hans Mühlbauer: ***Segel- und Motorboote. Bordprobleme einfach gelöst.*** (ISBN 978-3-613-50589-6)
Der erfahrene Langstreckensegler und Charterveranstalter Hans Mühlbauer hat in diesem Buch viele praktische Tipps für den Bordalltag gesammelt. Ob es nun um Hausmittel gegen Quallengift, um Ölwechsel oder um das Verbinden von Leinen mit eine Doppel-Palstek geht – in diesem Buch finden Sie Antworten.

Band 2:
Dennis Watts: ***Motorboote. Kauf, Wartung und Reparatur.*** (ISBN 978-3-613-50629-9)
In diesem Band erfahren Sie alles rund ums Motorboot, von Auswahl und Kauf über Instandhaltung und Reparaturen bis hin zu Anbauten, Ausrüstung und Zubehör. Kurz: Alles, was Sie wissen müssen, um lange und kostengünstig Spaß an Ihrem Boot zu haben.

Band 3:
Ralf Schaepe: ***GFK-Boote. Reparatur und Wartung.*** (ISBN: 978-3-613-50633-6)
GFK, also glasfaserverstärkter Kunststoff, ist das Kernstück des modernen Bootsbaus. Wie Sie Ihr GFK-Boot warten und pflegen, wie Sie Reparaturen durchführen und Anbauten vornehmen, erklärt Ihnen Ralf Schaepe kurzweilig und verständlich in diesem Buch.

… zum Thema Navigation

Sara Hopkinson: ***Navigation für Einsteiger.***
(ISBN: 978-3-613-50511-7)
»Wo bin ich?« und: *»Wo will ich hin?«* – damit Sie diese zwei wichtigen Fragen beantworten können, erläutert die Navigationsexpertin Sara Hopkinson den Umgang mit Karten und gibt Informationen zu den Themen Positionsangaben und -bestimmung, Kurs und Steuerung sowie zur Kursplanung.

Georg Fürst: ***Radar an Bord. Das Praxishandbuch für Skipper.*** (ISBN: 978-3-613-50590-2)
Radar – ein Buch mit sieben Siegeln? Dass Radarkunde gar nicht so schwer zu erlernen ist, beweist Georg Fürst mit diesem Praxislehrbuch. Er erklärt, wie Radar funktioniert, wie man Radarbilder interpretiert, wie Radarnavigation geht und vieles mehr.

… zum Thema Segeln

Peter Hahne: ***Segeltrimm in Theorie und Praxis.*** (ISBN: 978-3-613-50661-9, erhältlich ab August 2011)
Segeltrimm ist die Kunst, die Anstellung des Segels zum Wind und sein Profil den jeweiligen Bedingungen von Windstärke, Wellen, Bootsgeschwindigkeit und -kurs anzupassen. In diesem Buch gibt der erfahrene Segler Peter Hahne konkrete Trimmempfehlungen und erklärt alles rund um Aero- und Hydrodynamik, Riggtypen, das Segeln vor dem Wind und vieles mehr.

Wilfried Krusekopf: ***Segeln bei Dunkelheit.***
(ISBN: 978-3-613-50634-3)
Segeln bei Nacht hat einen unbeschreiblichen Reiz, kann aber unter Umständen auch gefährlich sein. Damit Sie Ihren Törn unterm Sternenhimmel genießen können, behandelt dieses Buch Themen wie Vorbereitung auf die Nachtfahrt, Navigation bei Nacht, Verhalten an Bord und Gefahrenprävention.

Selbst ist der Mann...

Dennis Watts

Motorboote

Kauf, Wartung und Reparatur

Ein eigenes Motorboot - der Traum vieler Skipper. Viele schrecken jedoch vor den Kosten für Kauf, Unterhalt und Wartung zurück. Dieser Titel zeigt, wie sich die Investitionen in Grenzen halten lassen.

240 Seiten, 658 Bilder, 20 Zeichnungen, Format 170 x 240 mm

ISBN 978-3-613-50629-9

€ 24,90

Ralf Schaepe

GFK-Boote

Reparatur und Wartung

GFK Boote benötigen eine sachkundige Pflege, Wartung und Reparatur. Dieser Titel zeigt, wie man diese Arbeiten leicht und professionell selbst ausführt und welche Maßnahmen man besser dem Profi überlässt.

152 Seiten, 167 Bilder, 16 Zeichnungen, Format 170 x 240 mm

ISBN 978-3-613-50633-6 **€ 19,95**

Hans Mühlbauer

Segel- und Motorboote – Bordprobleme einfach gelöst

Der erfahrene Langstreckensegler und Charterveranstalter Hans Mühlbauer hat für dieses Buch viele praktische Tipps für den Bordalltag gesammel – für mehr Sicherheit, Funktionalität und Komfort.

192 Seiten, 280 Bilder, Format 170 x 240 mm

ISBN 978-3-613-50589-6

€ 24,90

IHR VERLAG FÜR MARITIM-BÜCHER

Postfach 10 37 43 · 70032 Stuttgart
Telefon: 01805/00 41 55*; Fax: 01805/959 729*
www.pietsch-verlag.de

*0,14 €/Min. aus dem dt. Festnetz , max 0,42 € pro Minute aus Mobilfunknetzen

pietsch

Stand März 2011
Änderungen in Preis und Lieferfähigkeit vorbehalten